阳光知识漫
SUNSHINE KNOWLEDGE COMICS

进化狂想曲

人类诞生日志

[日]种田琴美 著
[日]土屋健 监修
庚凌峰 译

北京日报出版社

图书在版编目（CIP）数据

进化狂想曲. 人类诞生日志 / （日）种田琴美著 ；（日）土屋健监修 ；庚凌峰译. --北京:北京日报出版社，2022.12

ISBN 978-7-5477-4307-2

Ⅰ. ①进… Ⅱ. ①种… ②土… ③庚… Ⅲ. ①生物－进化－普及读物②人类起源－普及读物 Ⅳ. ①Q11-49 ②Q981.1-49

中国版本图书馆CIP数据核字(2022)第079596号

北京版权保护中心外国图书合同登记号：01-2022-2487

进化狂想曲　人类诞生日志

出版发行：北京日报出版社
地　　址：北京市东城区东单三条8-16号东方广场东配楼四层
邮　　编：100005
电　　话：发行部：(010) 65255876
　　　　　总编室：(010) 65252135
印　　刷：北京天恒嘉业印刷有限公司
经　　销：各地新华书店
版　　次：2022年12月第1版
　　　　　2022年12月第1次印刷
开　　本：675毫米×925毫米　1/16
总 印 张：18.75
总 字 数：125千字
定　　价：82.00元（全2册）

前言

闪亮登场
初次见面，
我叫DNA。
有些朋友已经不是第一次见面了吧。
有些应该是老朋友了。
很开心能再次和大家见面。

那么，
关于进化，
我再稍微给大家
介绍一下吧。
在开始之前，
请看这里。
嘀
生物的进化
本书中，生物们以卡通形象登场，
通过自己的努力完成进化。
实际是这样的：
小家伙
小不点儿——
哼
这些还
不够啊……
咕咕咕咕
嗝
吃一点儿就
饱了。
个子小，
容易隐藏。
适应环境的动物们幸存了
下来，繁衍子孙后代。

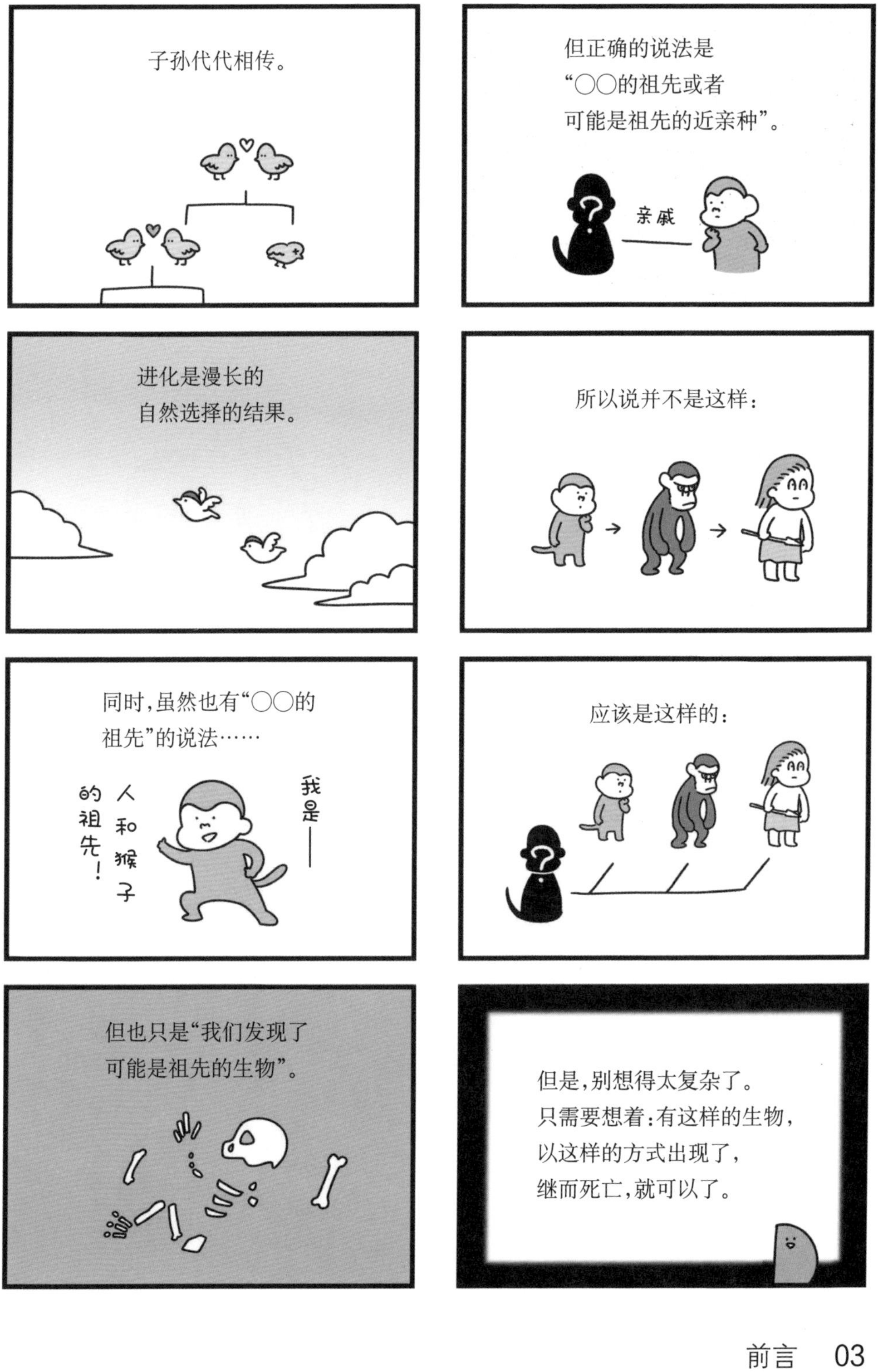
子孙代代相传。
进化是漫长的
自然选择的结果。
同时,虽然也有“○○的
祖先”的说法……
我是——
人和猴子
的祖先！
但也只是“我们发现了
可能是祖先的生物”。
但正确的说法是
“○○的祖先或者
可能是祖先的近亲种”。
亲戚
所以说并不是这样：
应该是这样的：
但是,别想得太复杂了。
只需要想着：有这样的生物,
以这样的方式出现了,
继而死亡,就可以了。

啪！
看完了？辛苦了。
咳——这是真核生物同学。
呵——好久不见啊！
这次，
会出现大家都比较熟悉的生物。
我诞生于太古时代的海洋，是动物、植物、菌类的祖先哟。
啊——之前是这样子啊。
和现在有什么不同呢？这样想就可以了。
但是，这次的故事是从恐龙灭绝以后开始的，
可能没有你出场的机会了。
哦，这样啊……

时代也在变化啊！
是啊！
那么，一起回到
六千五百万年前吧。

目录

Paleogene Period

6500万年前至2303万年前

古近纪

六千五百万年前，受恐龙灭绝的影响，地球生态圈发生了巨大的变化。幸存下来的动物们开始竞争，志在争夺生物圈中主宰者的宝座。

幸存

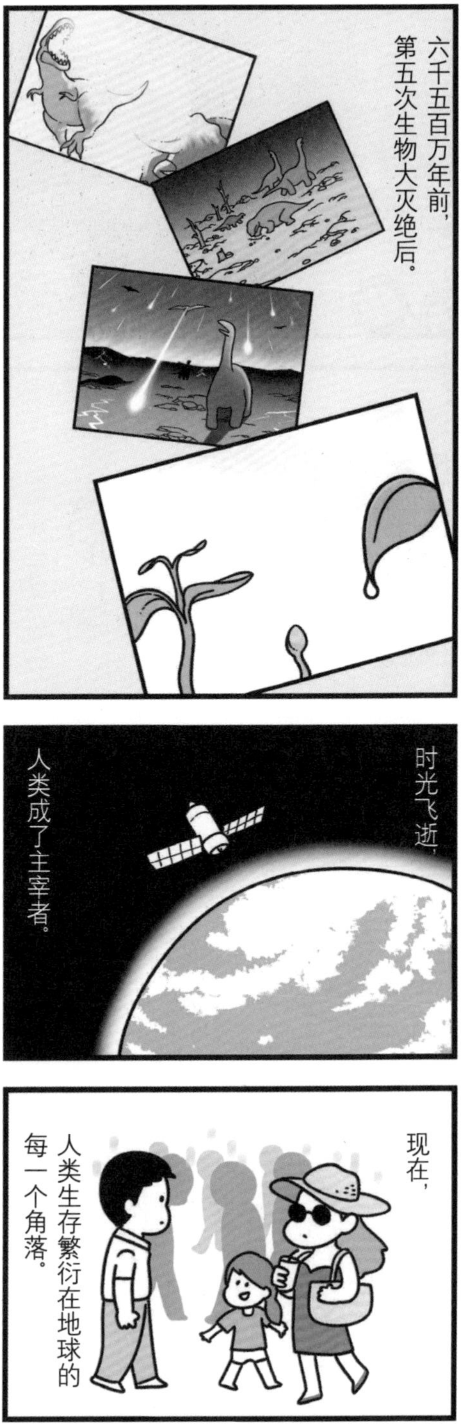
六千五百万年前，
第五次生物大灭绝后。
时光飞逝，
人类成了主宰者。
现在，
人类生存繁衍在地球的
每一个角落。

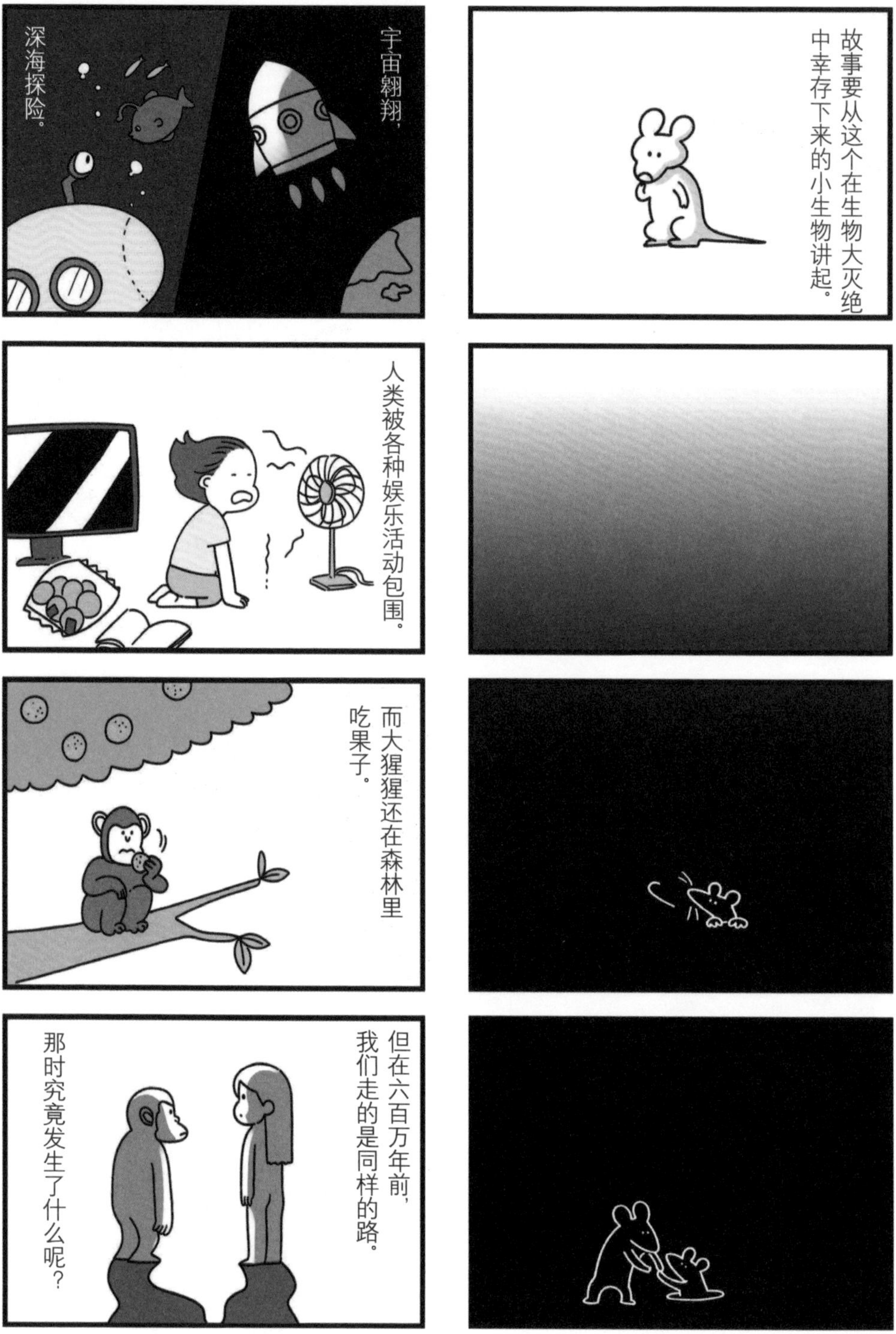
宇宙翱翔，
深海探险。
人类被各种娱乐活动包围。
而大猩猩还在森林里吃果子。
但在六百万年前，我们走的是同样的路。
那时究竟发生了什么呢？
故事要从这个在生物大灭绝中幸存下来的小生物讲起。

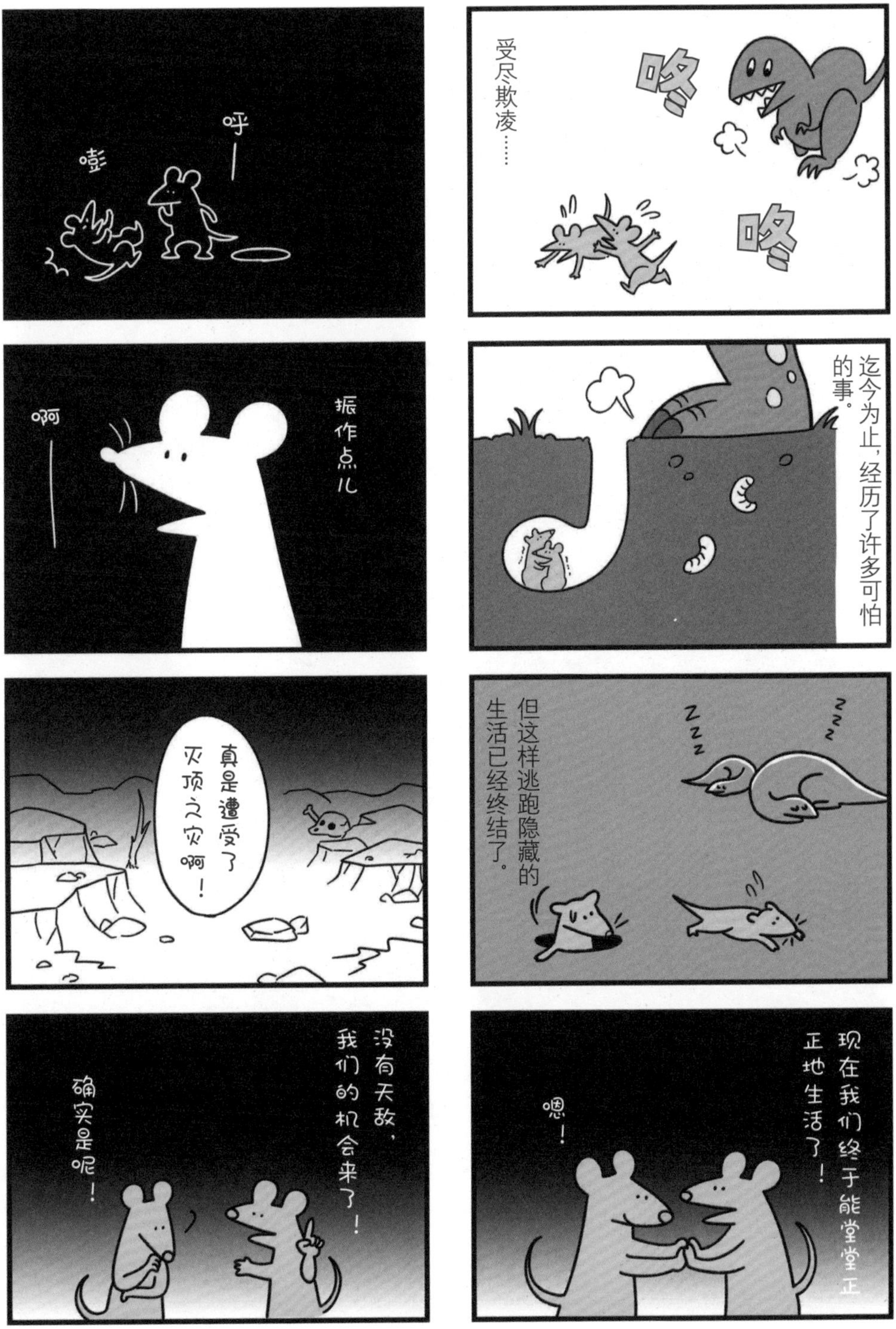
呼—
嘭
振作点儿
啊—
真是遭受了灭顶之灾啊！
没有天敌，我们的机会来了！
确实是呢！
受尽欺凌……
咚
咚
迄今为止，经历了许多可怕的事。
但这样逃跑隐藏的生活已经终结了。
现在我们终于能堂堂正正地生活了！
嗯！

抢宝座游戏

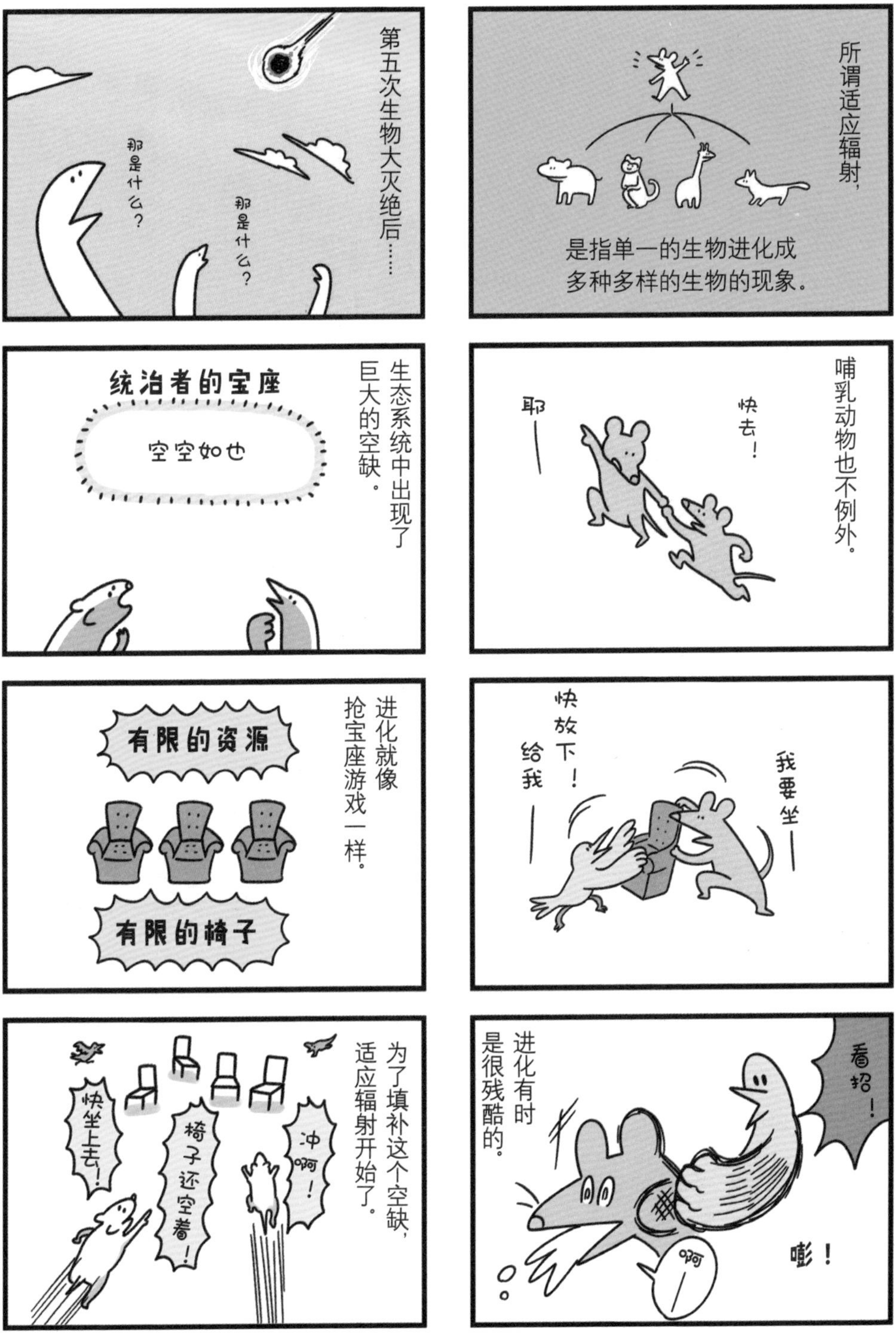

第五次生物大灭绝后……
那是什么？
那是什么？
所谓适应辐射，
是指单一的生物进化成多种多样的生物的现象。
生态系统中出现了巨大的空缺。
统治者的宝座
空空如也
哺乳动物也不例外。
快去！
耶——
进化就像抢宝座游戏一样。
有限的资源
有限的椅子
我要坐——
快放下！
给我——
为了填补这个空缺，适应辐射开始了。
冲啊！
椅子还空着！
快坐上去！
进化有时是很残酷的。
看招！
嘭！
啊——

鸟类

抢宝座游戏中先发制人的是……
抢到了！
看起来……
留下来的都是小不点儿。
以后一定会还回去的。
嗯！
恐龙中幸存下来的鸟类。
但是，水边有鳄鱼幸存下来了，还是要小心！
可恶！
给我等着！
作为幸存下来的恐龙，要表现出我们的毅力和决心！
可不嘛！
哦——呼！
鸟类三姐妹
没想到大型恐龙灭绝了……
只有幸存下来的我们能繁衍下去了。
再见了，姐妹们！
再见了！

在陆地率先开始繁衍的是遗留下来的鸟类。
哈哈！
别跑！
恐鸟目　身高两米
冠恐鸟
（又名加斯顿鸟）
它看起来像食肉动物，但实际是食草动物。
翅膀很小！
飞不动！
进入海洋的鸟类。
簌簌
海里现在还有机会啊！
沙沙
扑通
长颈龙和沧龙都不在了！
太棒了！
进化成企鹅。
企鹅目
威马奴企鹅
公认最古老的企鹅。
太棒了！
鸟类一直繁荣至今。
在鸟类中，
麻雀最卑微。
我懂，我懂！

奔向森林

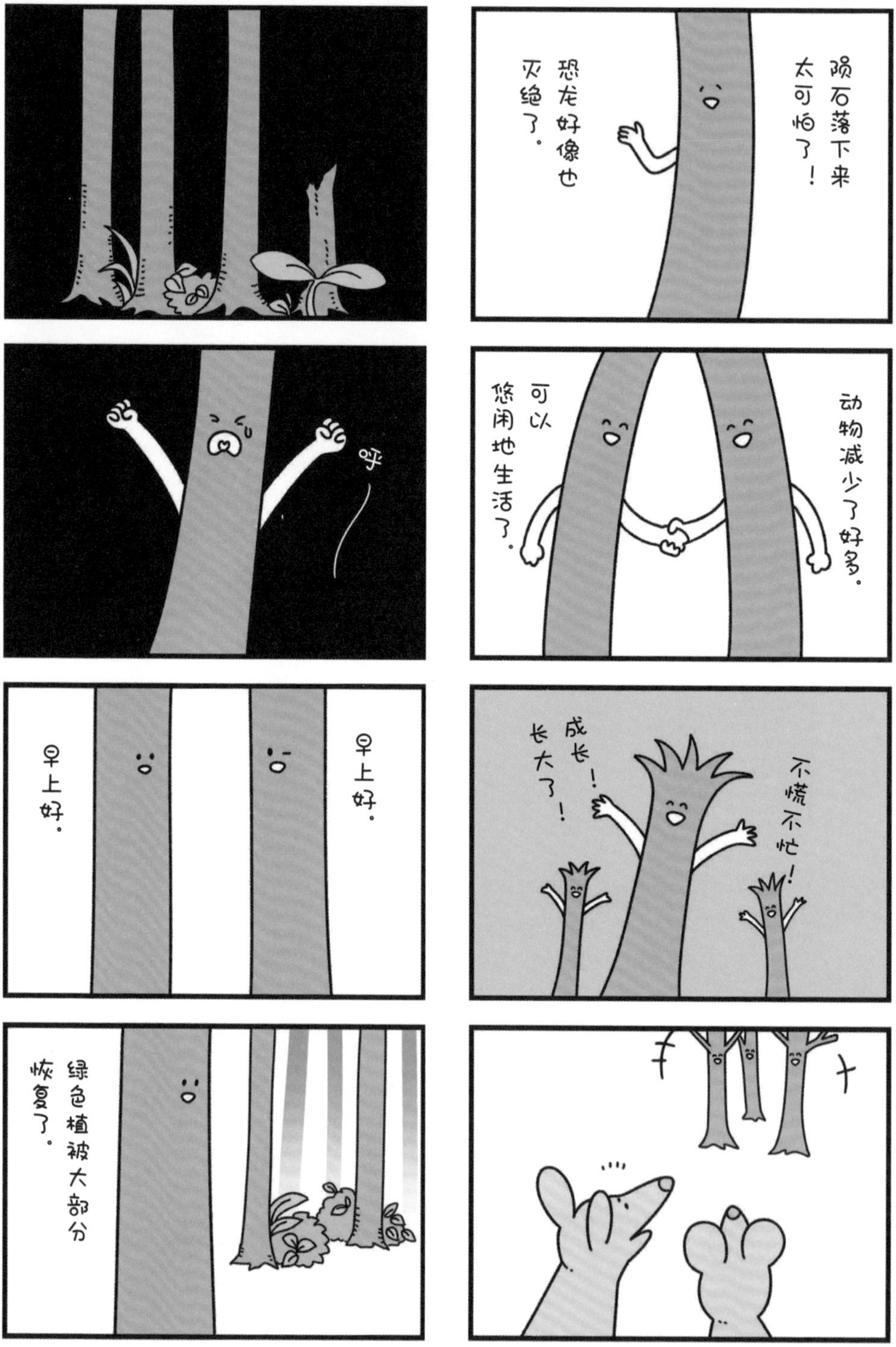

呼
早上好。
早上好。
绿色植被大部分
恢复了。
陨石落下来
太可怕了！
恐龙好像也
灭绝了。
动物减少了好多。
可以
悠闲地生活了。
不慌不忙！
成长
长大了！

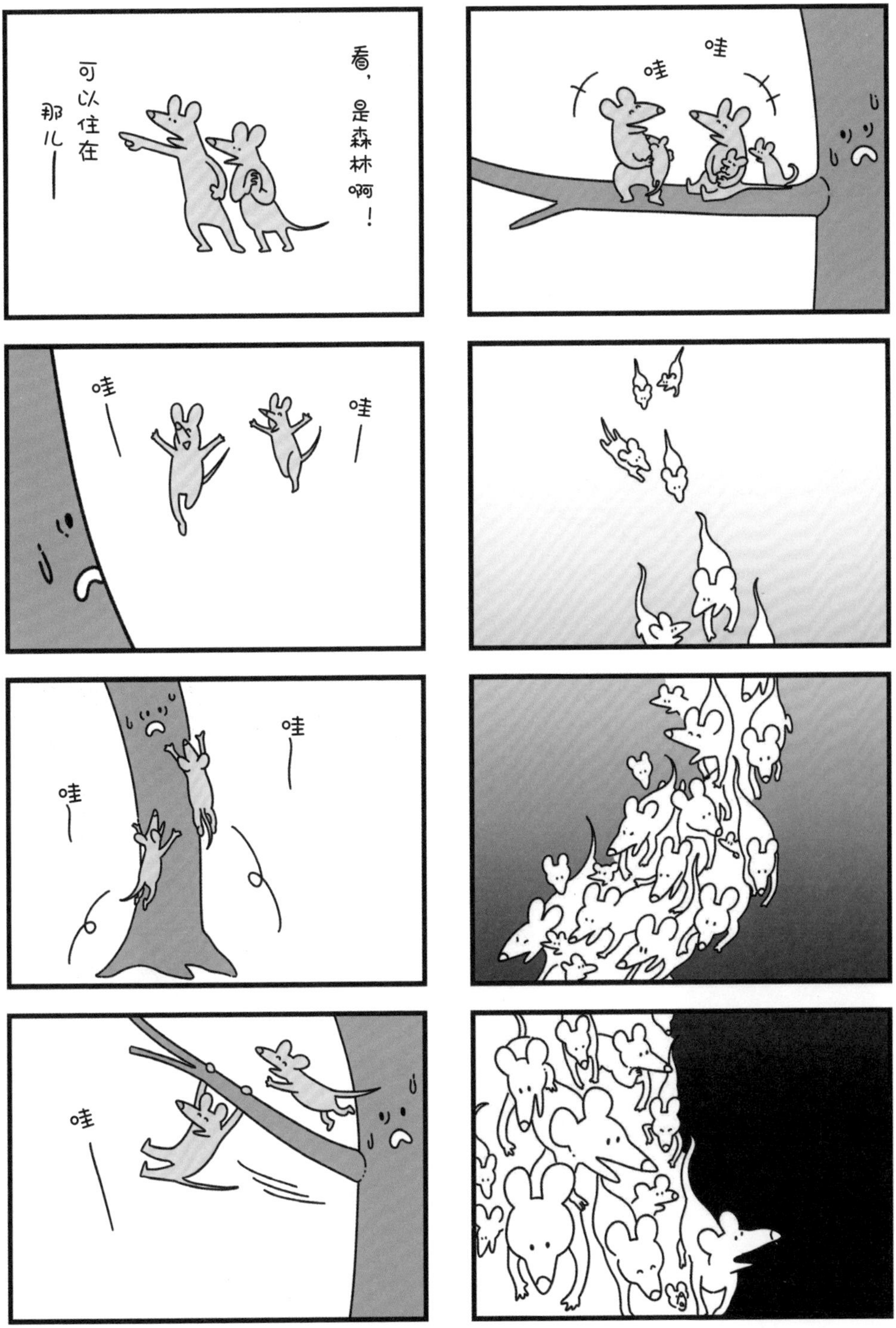
看，是森林啊！
可以住在那儿——
哇
哇
哇——
哇——
哇——
哇——
哇——

第一次适应辐射

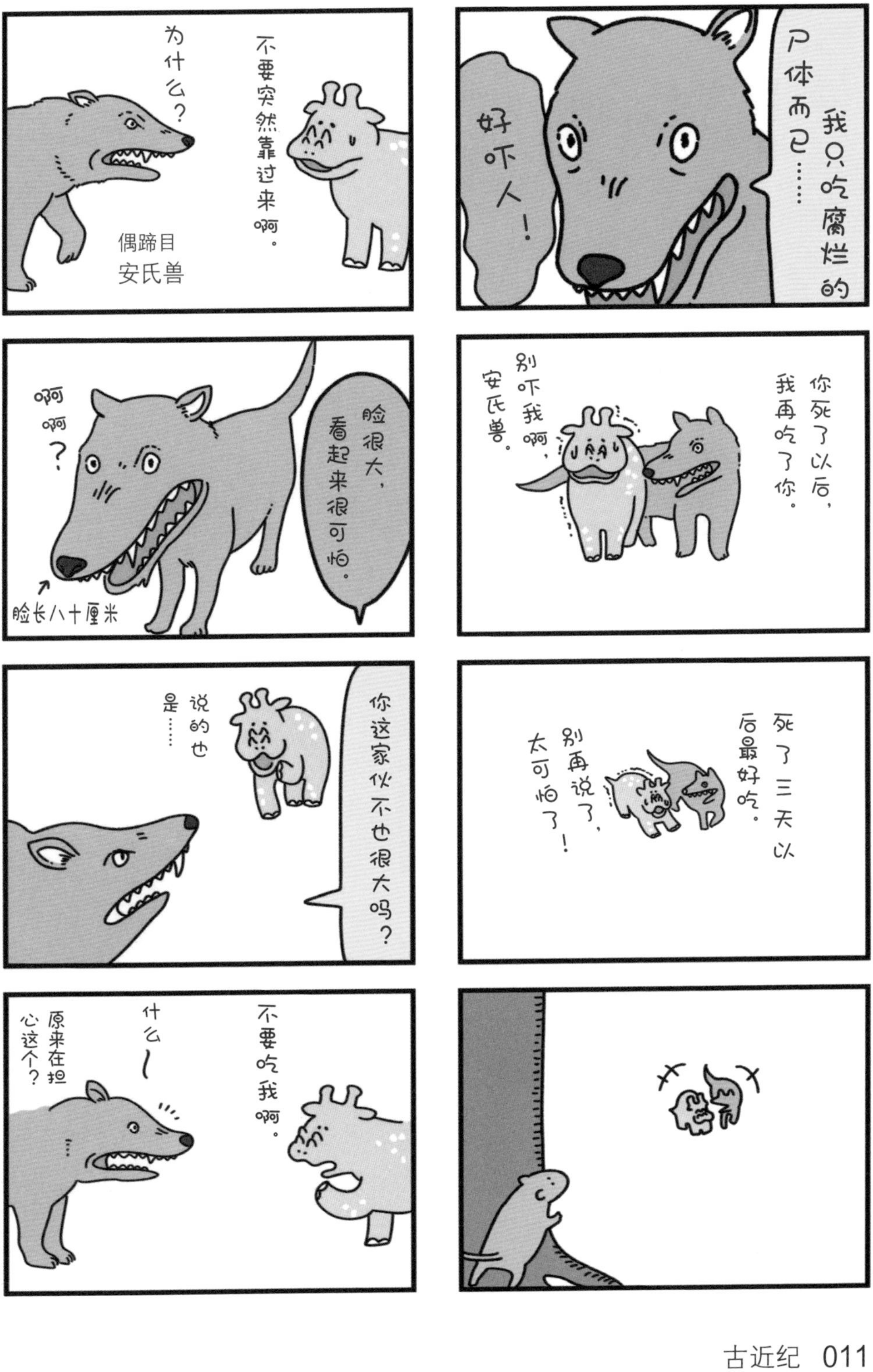
不要突然靠过来啊。
为什么？
偶蹄目
安氏兽
脸很大，看起来很可怕。
啊啊？
脸长八十厘米
你这家伙不也很大吗？
说的也是……
不要吃我啊。
什么～
原来在担心这个？
我只吃腐烂的尸体而已……
好吓人！
你死了以后，我再吃了你。
别吓我啊，安氏兽。
死了三天以后最好吃。
别再说了，太可怕了！

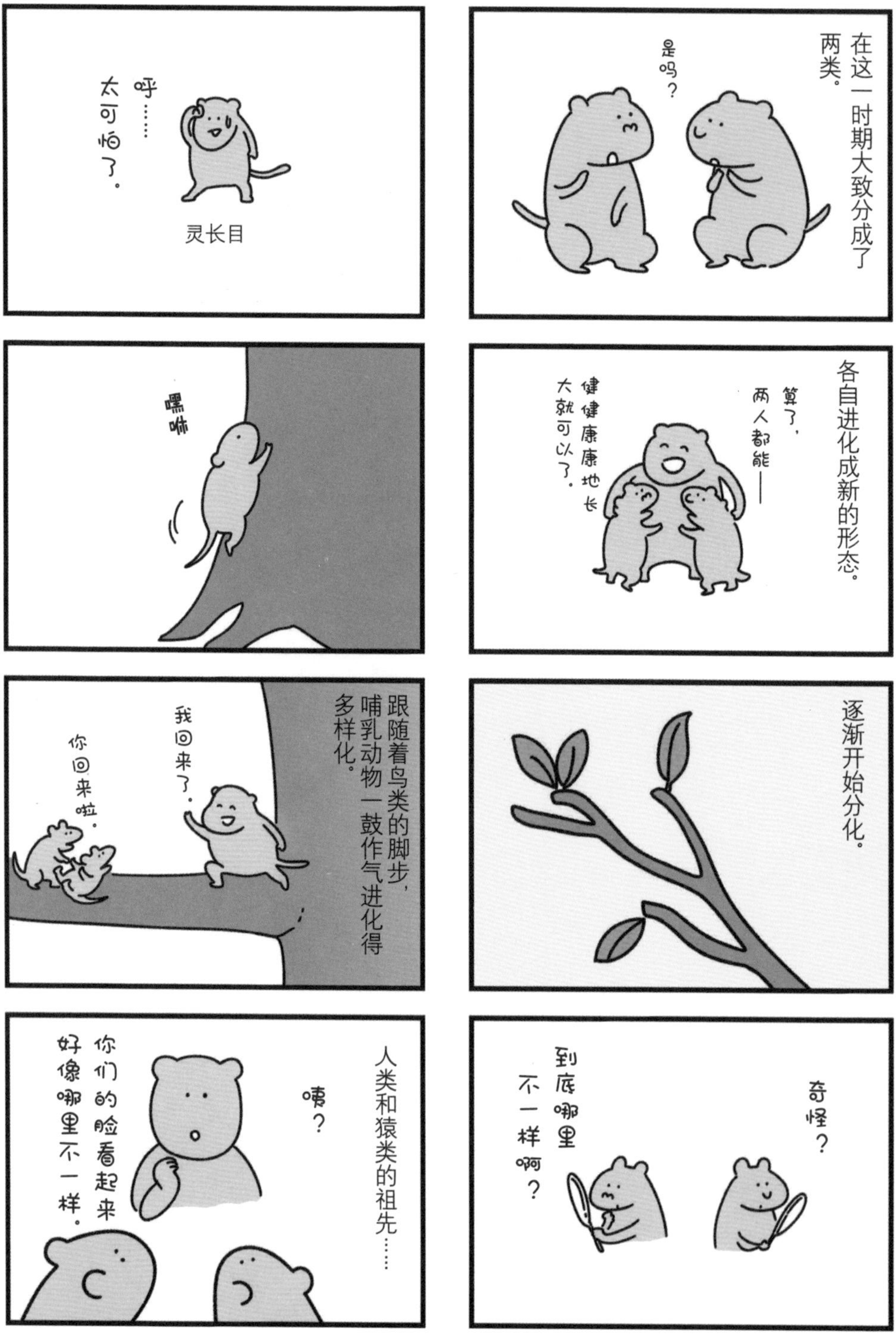
在这一时期大致分成了两类。
是吗？
各自进化成新的形态。
算了，两人都能——
健健康康地长大就可以了。
逐渐开始分化。
奇怪？
到底哪里不一样啊？
呼……太可怕了。
灵长目
嘿咻
跟随着鸟类的脚步，哺乳动物一鼓作气进化得多样化。
我回来了。
你回来啦。
人类和猿类的祖先……
咦？
你们的脸看起来好像哪里不一样。

突发的气候变暖事件

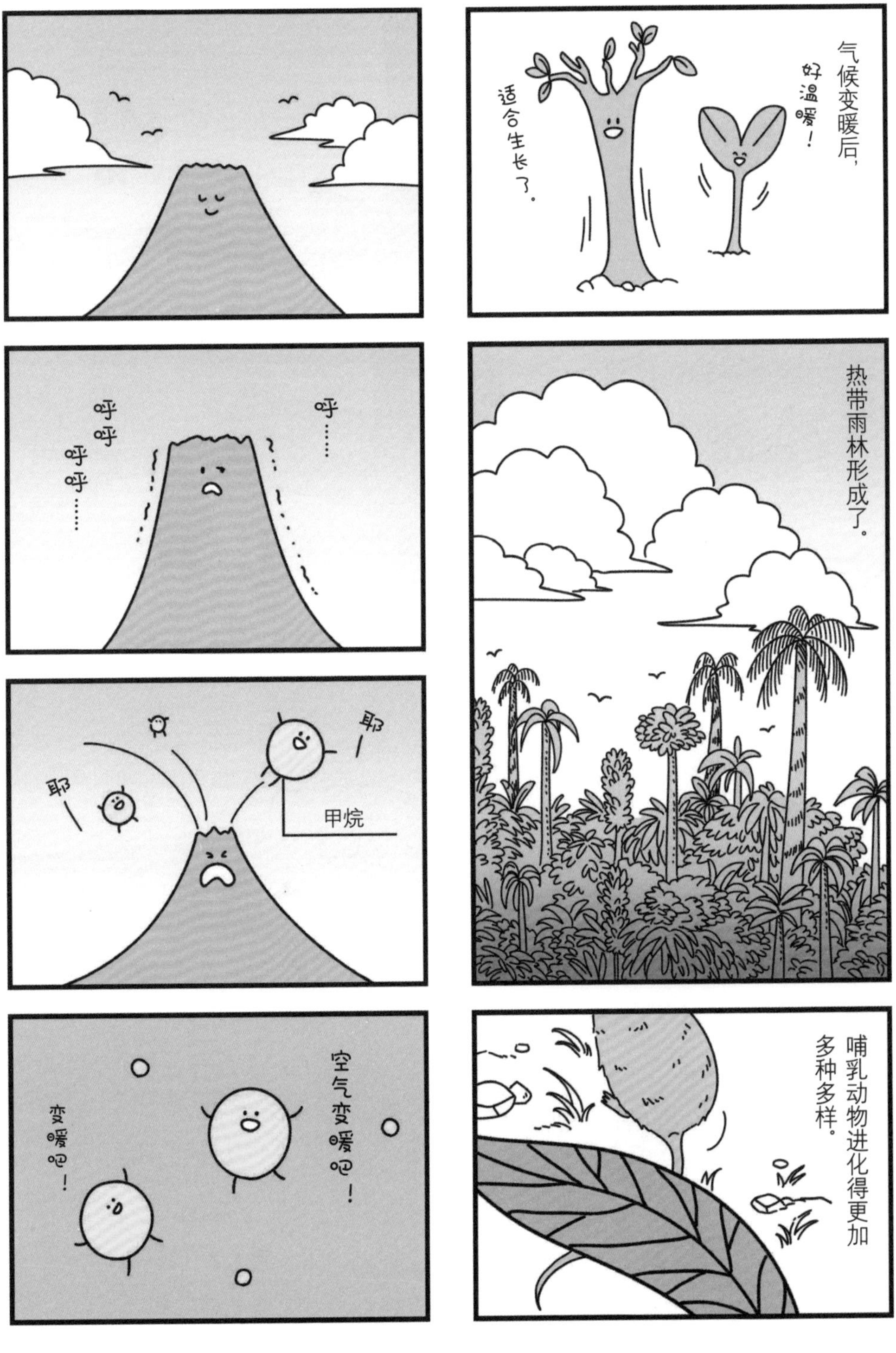

呼……
呼呼
呼呼……
耶—
耶—
甲烷
空气变暖吧！
变暖吧！
气候变暖后，
好温暖！
适合生长了。
热带雨林形成了。
哺乳动物进化得更加多种多样。

第二次适应辐射

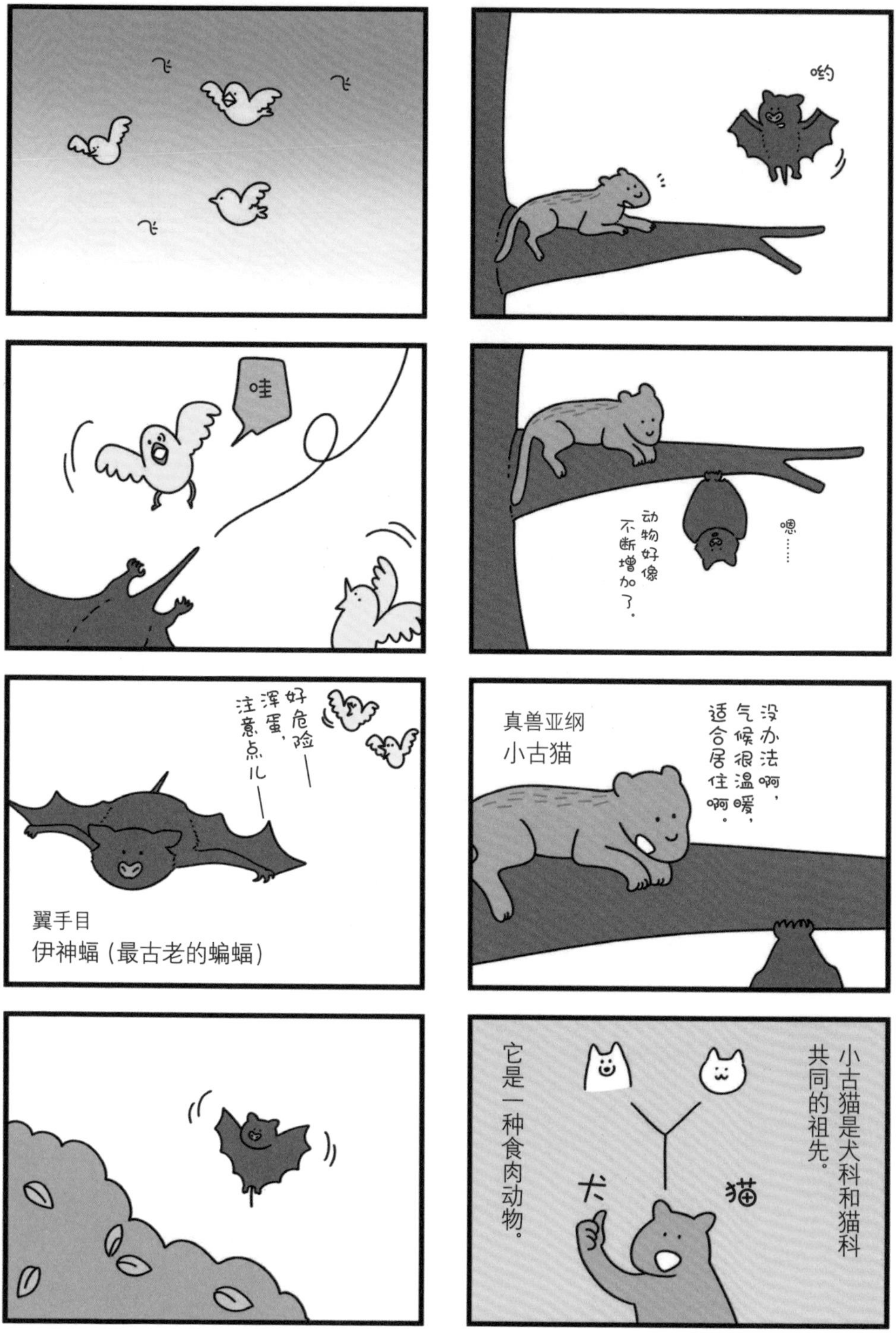
飞
飞
飞
哇
好危险——
浑蛋，注意点儿——
翼手目
伊神蝠（最古老的蝙蝠）
哟
动物好像不断增加了。
嗯……
真兽亚纲
小古猫
没办法啊，气候很温暖，适合居住啊。
小古猫是犬科和猫科共同的祖先。
它是一种食肉动物。
犬
猫

奇蹄目

奇蹄目
始祖马(最古老的马科)
奇蹄目
巨犀
?
两米
啊啊——
好高大！
五十厘米
食肉动物是一直幸存到现代的巨大群体。
向着最大种群的目标迈进！
犬科、猫科动物有七十余种。
摆出一副得意的嘴脸。
从没见过这家伙。
是新人吗？

偶蹄目

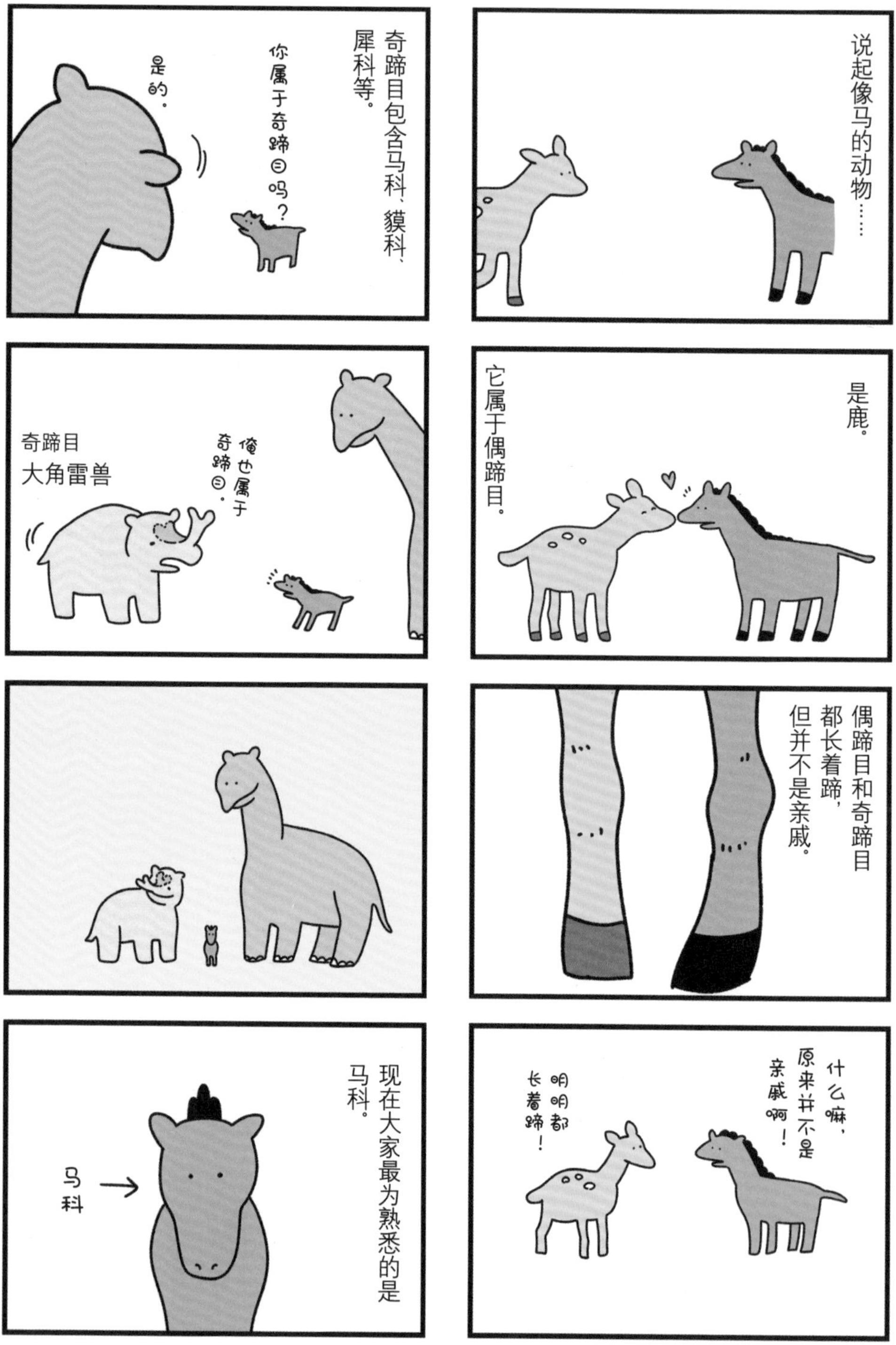
说起像马的动物……
是鹿。
它属于偶蹄目。
偶蹄目和奇蹄目都长着蹄，但并不是亲戚。
什么嘛，原来并不是亲戚啊！
明明都长着蹄！
奇蹄目包含马科、貘科、犀科等。
你属于奇蹄目吗？
是的。
奇蹄目
大角雷兽
俺也属于奇蹄目。
现在大家最为熟悉的是马科。
马科

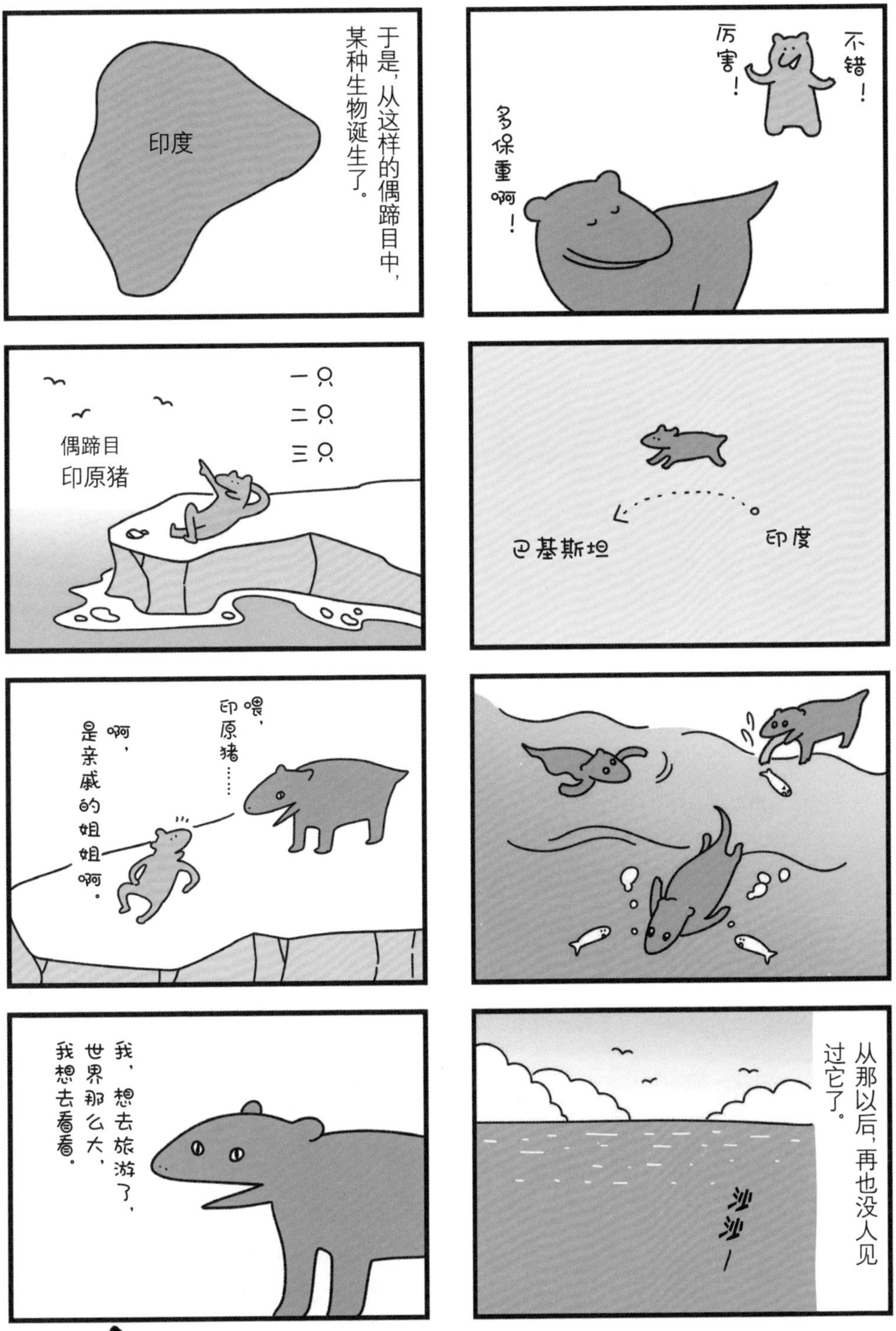

于是，从这样的偶蹄目中，某种生物诞生了。
印度
一只
二只
三只
偶蹄目
印原猪
喂，印原猪……
啊，是亲戚的姐姐啊。
我，想去旅游了，世界那么大，我想去看看。
不错！
厉害！
多保重啊！
印度
巴基斯坦
从那以后，再也没人见过它了。
沙沙

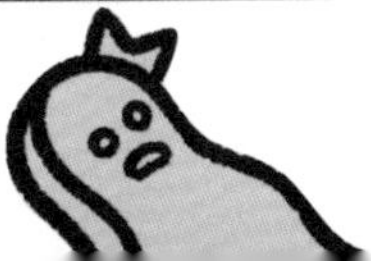

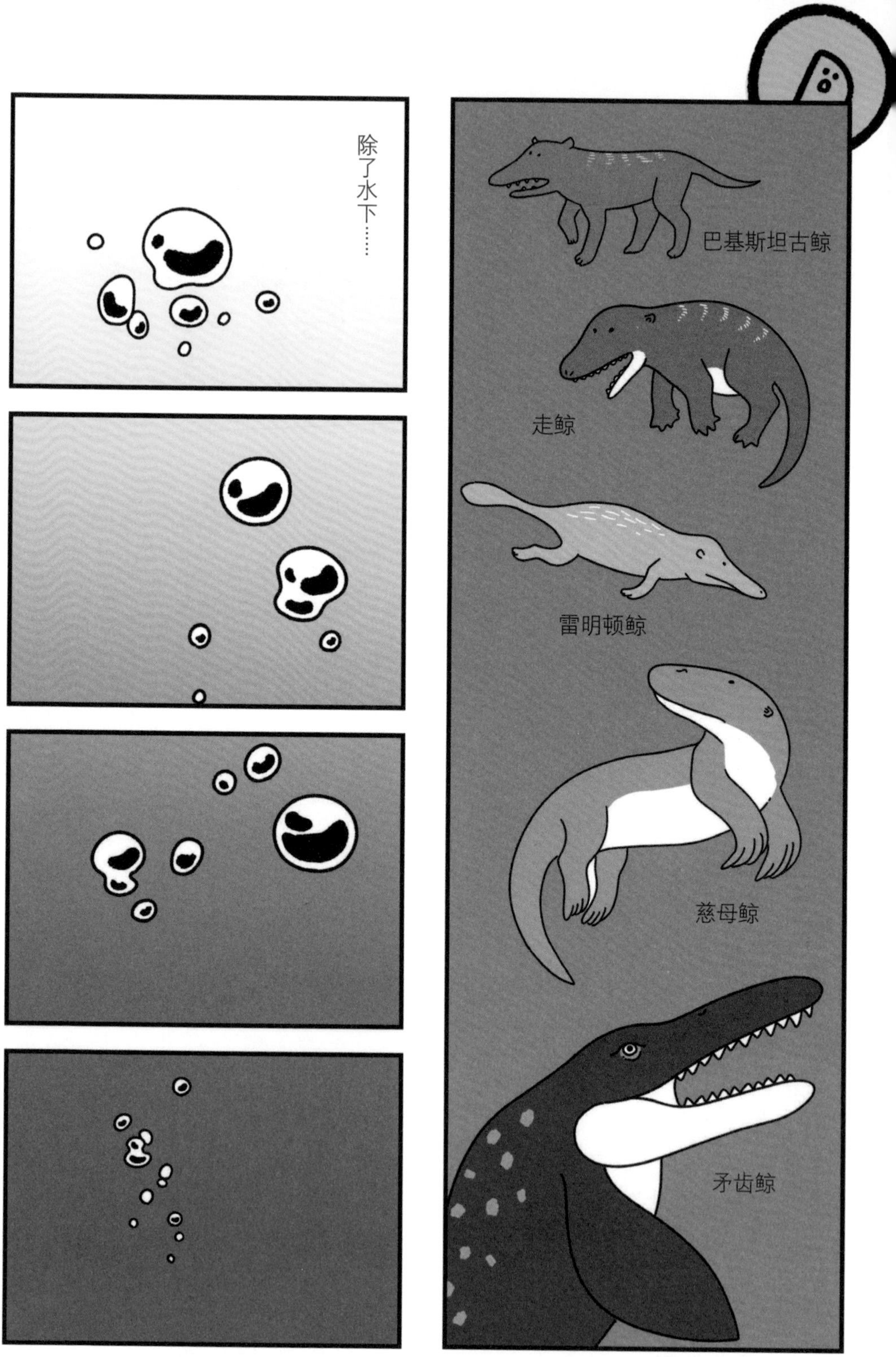
除了水下……
巴基斯坦古鲸
走鲸
雷明顿鲸
慈母鲸
矛齿鲸

海洋的样子

今天也是平静的一天！
是啊！
生物大灭绝后，海洋中由于没有霸主，出现了巨大的空缺。
辐鳍鱼大量繁殖。
哈哈哈
哈哈
辐鳍鱼是什么？
它们是现代海洋中占据鱼类大多数的群体。
还有从泥盆纪开始形态就没有发生过变化，在生物大灭绝中幸存下来的鲨鱼类。
以及在海洋中突然出现的企鹅目。
呀！
希望海洋的居民不要再增加了。
嗯——
咚！
啪！

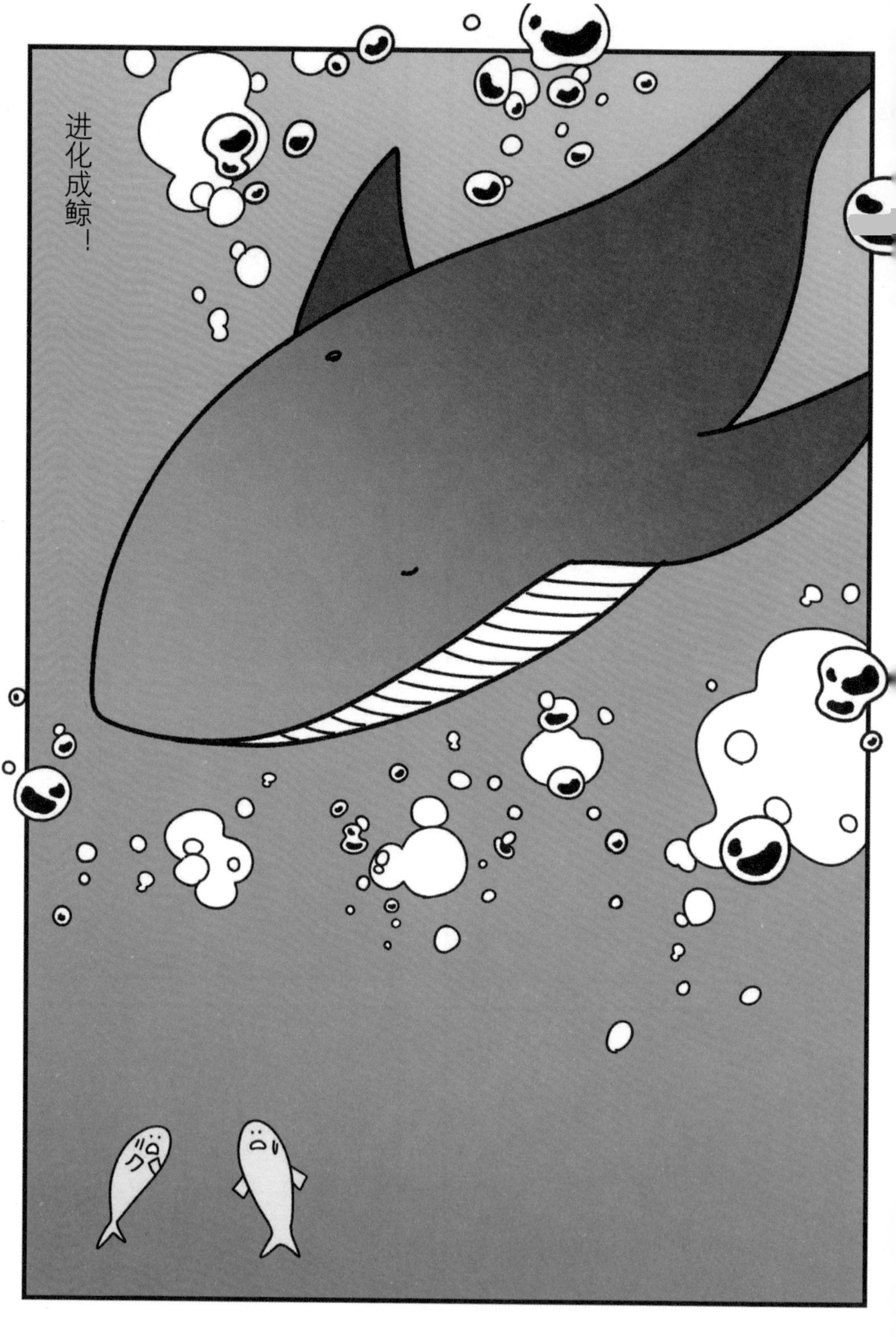
进化成鲸！

猿猴

恐鸟目
咕咕咕咕咕咕咕咕
肚子饿了……
啊，这一片植物，我不客气啦！
大型哺乳动物来了以后……
就找不到食物了……
在陆地充当霸主的恐鸟目也……
啪
啊，不行了……
被哺乳动物的气势所压倒，几乎灭绝。
怎么了？
死了吗？

这是灵长目的猴子。
抓到了！
是啊。
属于原猴亚目。
原猴亚目
它的特点是鼻腔弯曲。
狐猴也属于这个群体。
发生什么事情了吗？
怎么了？

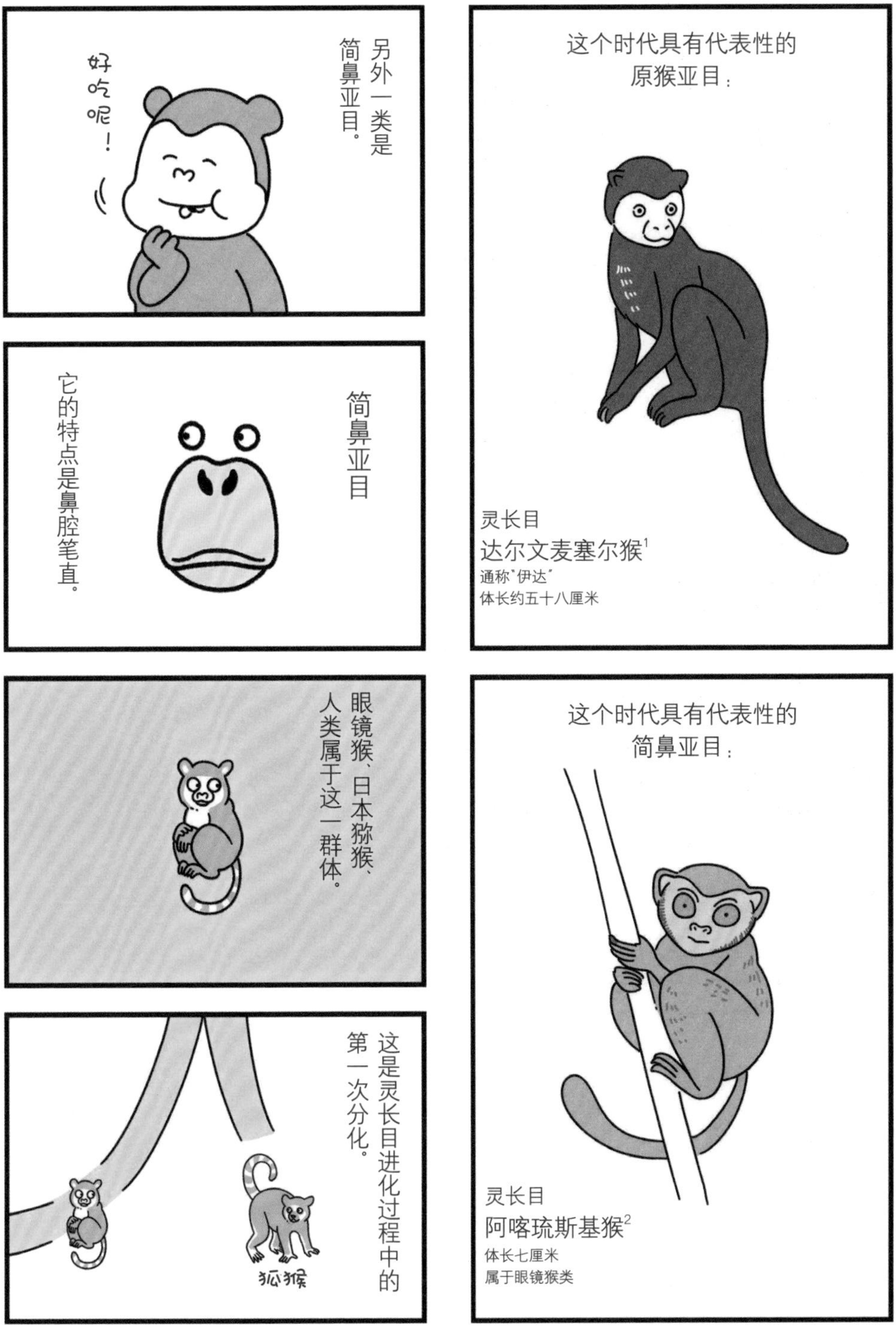
另外一类是简鼻亚目。
好吃呢！
简鼻亚目
它的特点是鼻腔笔直。
眼镜猴、日本猕猴、人类属于这一群体。
这是灵长目进化过程中的第一次分化。
狐猴
这个时代具有代表性的原猴亚目：
灵长目
达尔文麦塞尔猴[1]
通称"伊达"
体长约五十八厘米
这个时代具有代表性的简鼻亚目：
灵长目
阿喀琉斯基猴[2]
体长七厘米
属于眼镜猴类

1.其化石发现于德国麦塞尔化石坑。
2.其化石发现于湖北荆州。中科院倪喜军研究员命名。阿喀琉斯基猴的特征是个头小、眼大、尾长。

寒冷和干燥

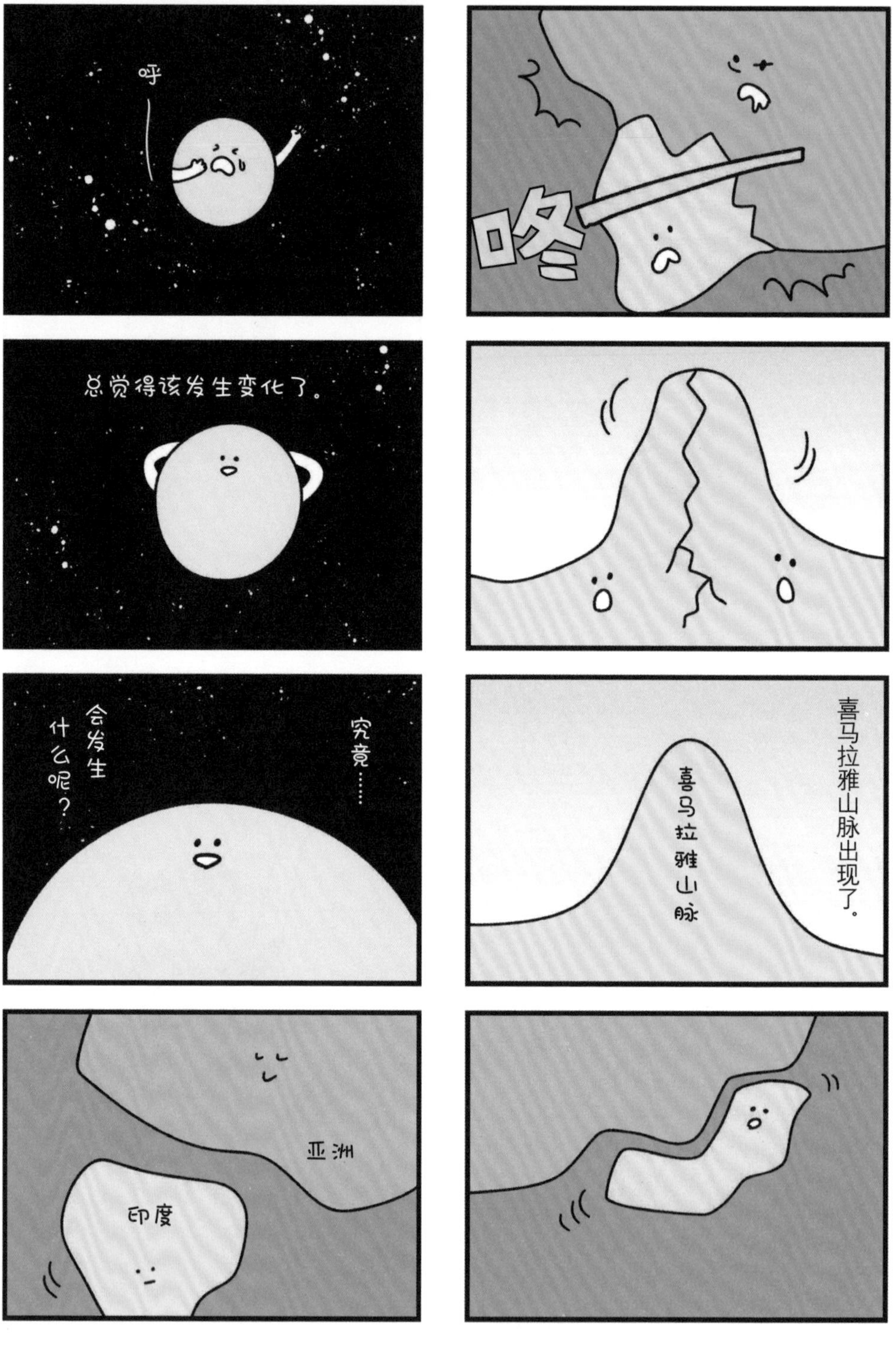

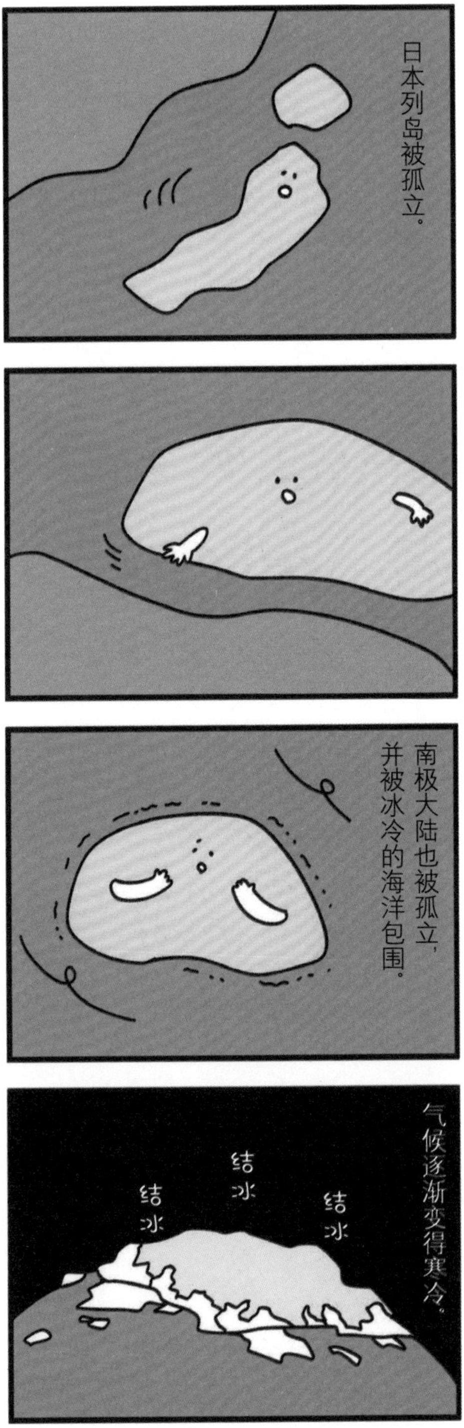
日本列岛被孤立。
南极大陆也被孤立，并被冰冷的海洋包围。
气候逐渐变得寒冷。
结冰
结冰
结冰

草原出现

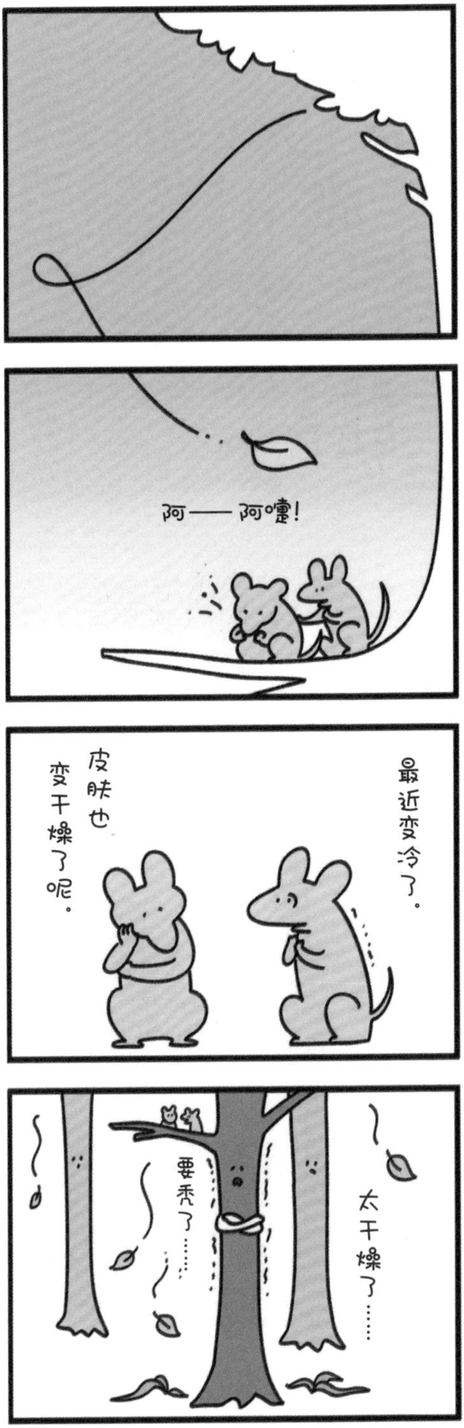
阿——阿嚏！
最近变冷了。
皮肤也变干燥了呢。
太干燥了……
要秃了……

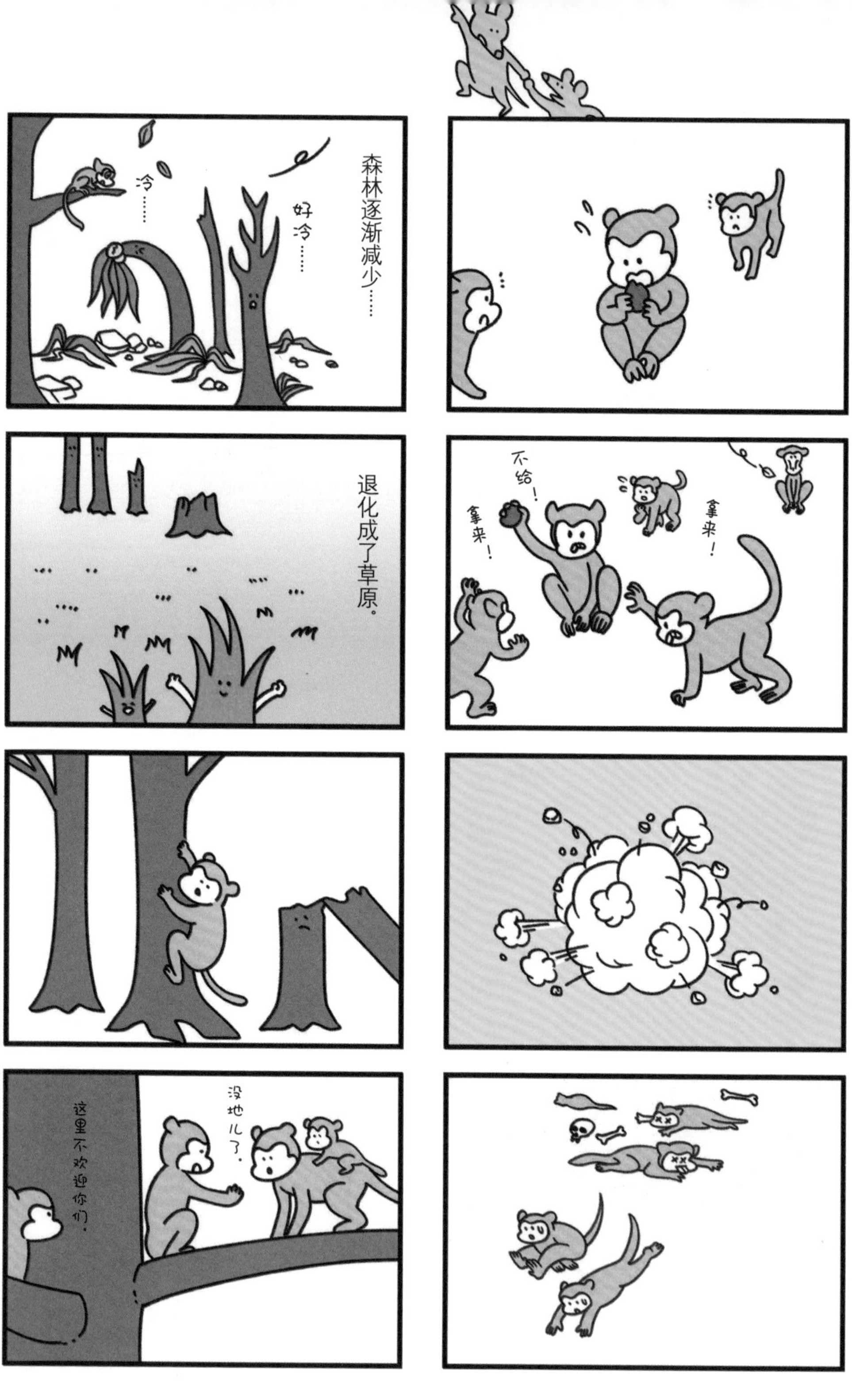
森林逐渐减少……
好冷……
冷……
退化成了草原。
没地儿了。
这里不欢迎你们。
拿来！
不给！
拿来！

犬科

逐渐失去了住所……
糟糕了……
我想到地面上去生活。
喂？
别丢下我呀……
草原也不错啊！
它们从树上跳下来，
然后……
红色的！
是犬的祖先！

当时的犬科

黄昏犬
最古老的犬
犬熊
介于犬与熊之间的动物
鳍脚亚目
达氏海幼兽
对了，正确的说法是『祖先的亲戚们』。

蓝色的！
是熊的祖先！
粉红色的！
是海豹的祖先！
犬科闪亮登场！
噔噔——！
犬、熊、海豹等进化成各种各样的形态。
呃～
大家都有个性～
好大！
和大家分开好孤单～

原点

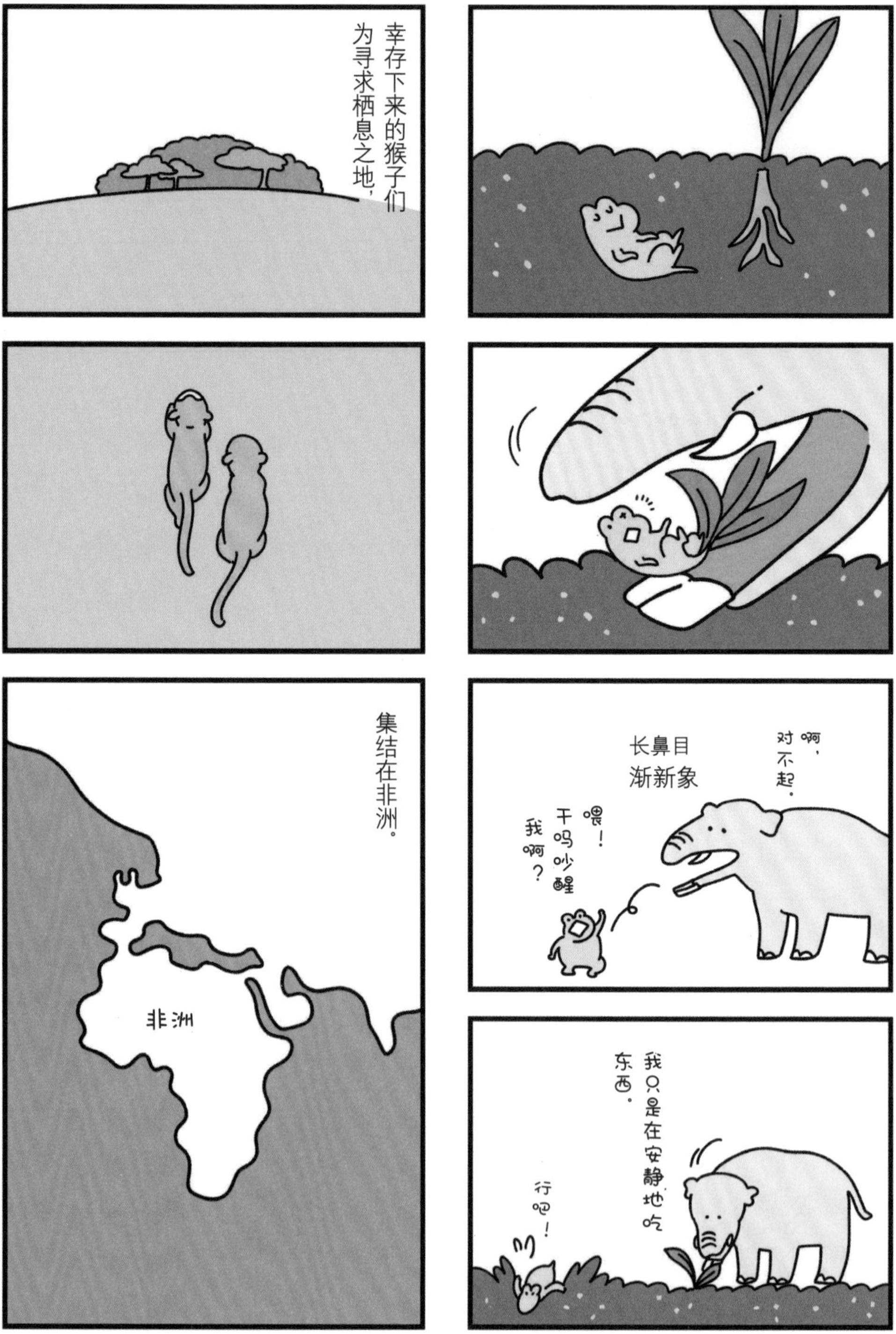
幸存下来的猴子们
为寻求栖息之地，
集结在非洲。
非洲
长鼻目
渐新象
啊，对不起。
喂！干吗吵醒我啊？
我只是在安静地吃东西。
行吧！

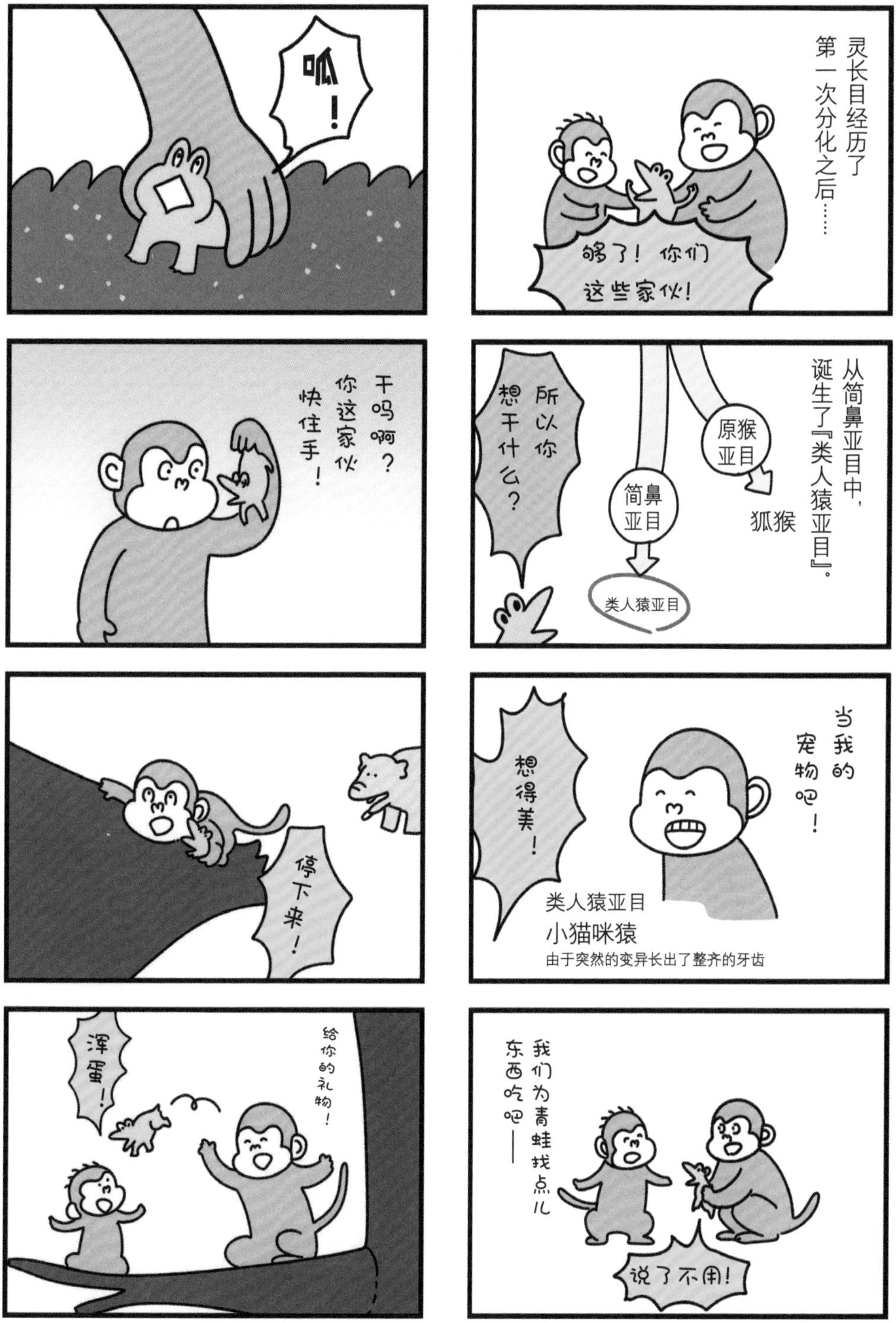
灵长目经历了第一次分化之后……
够了！你们这些家伙！
从简鼻亚目中，诞生了『类人猿亚目』。
原猴亚目
狐猴
简鼻亚目
类人猿亚目
所以你想干什么？
当我的宠物吧！
想得美！
类人猿亚目
小猫咪猿
由于突然的变异长出了整齐的牙齿
我们为青蛙找点儿东西吃吧——
说了不用！
呱！
干吗啊？你这家伙快住手！
停下来！
给你的礼物！
浑蛋！

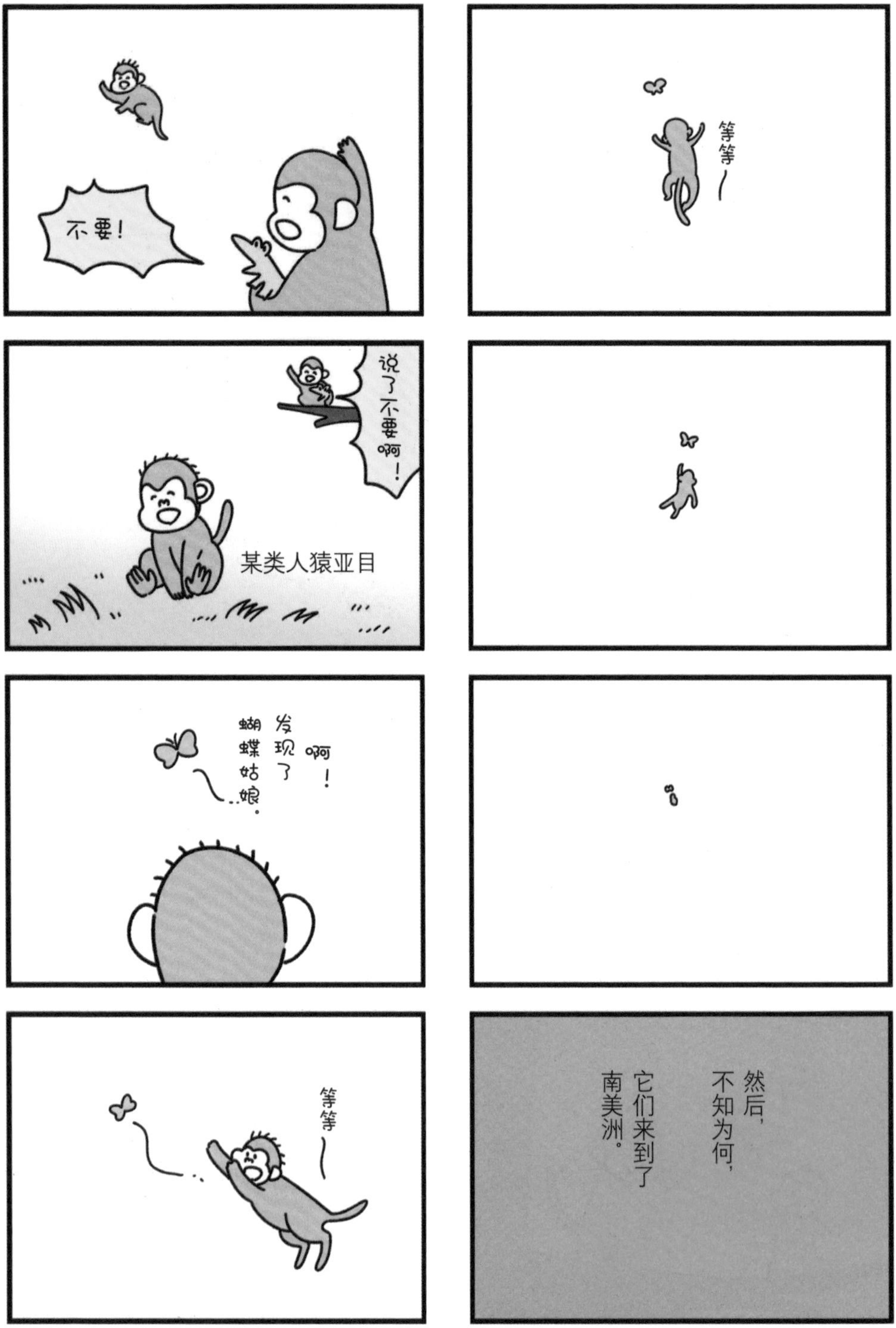
不要!
说了不要啊!
某类人猿亚目
发现了蝴蝶姑娘。
啊!
等等
等等
然后,不知为何,
它们来到了南美洲。

狭鼻猴

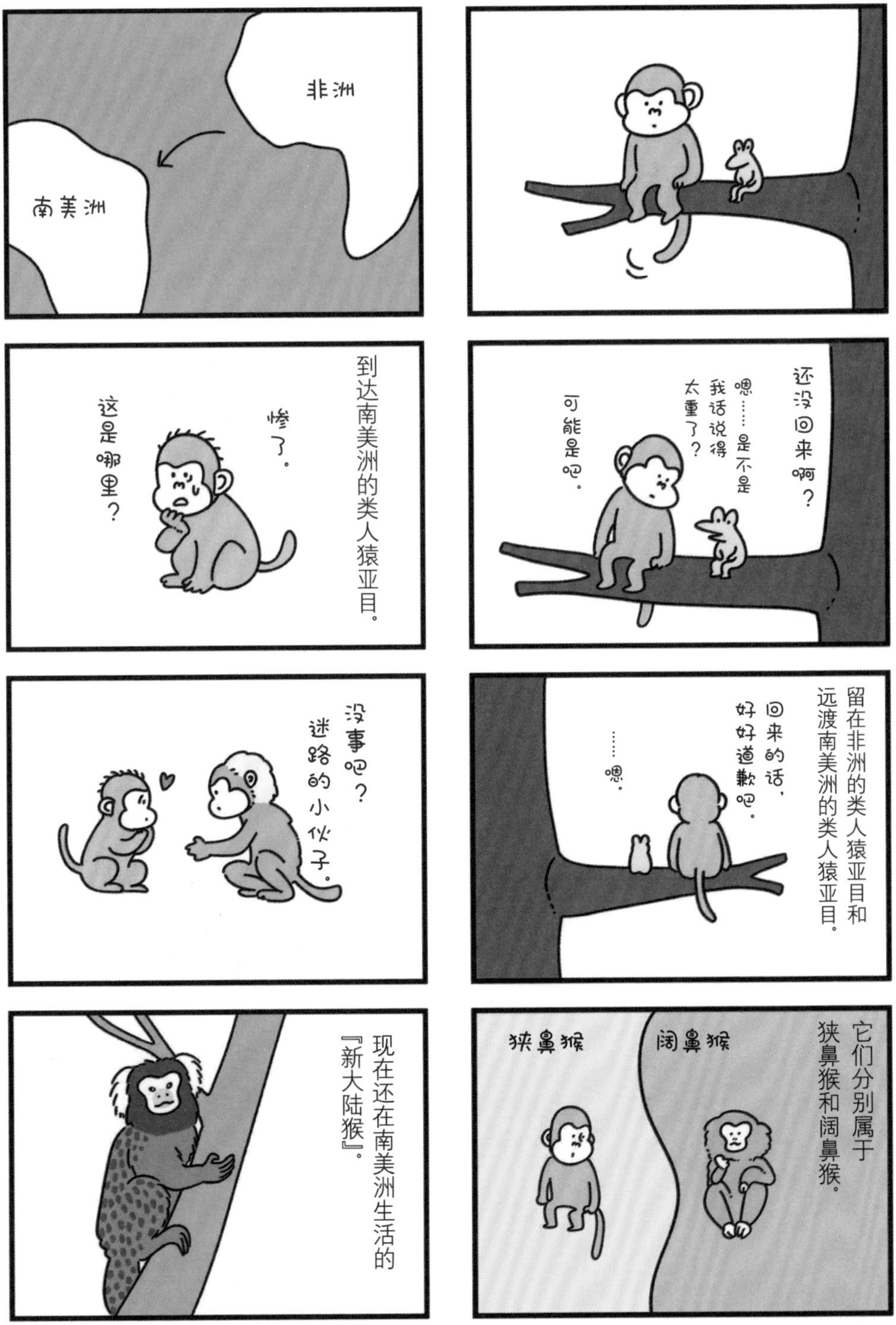
还没回来啊？
嗯……是不是我话说得太重了？
可能是吧。
留在非洲的类人猿亚目和远渡南美洲的类人猿亚目。
回来的话，好好道歉吧。
……嗯。
它们分别属于狭鼻猴和阔鼻猴。
狭鼻猴
阔鼻猴
非洲
南美洲
到达南美洲的类人猿亚目。
惨了。
这是哪里？
没事吧？
迷路的小伙子。
现在还在南美洲生活的『新大陆猴』。

猴子

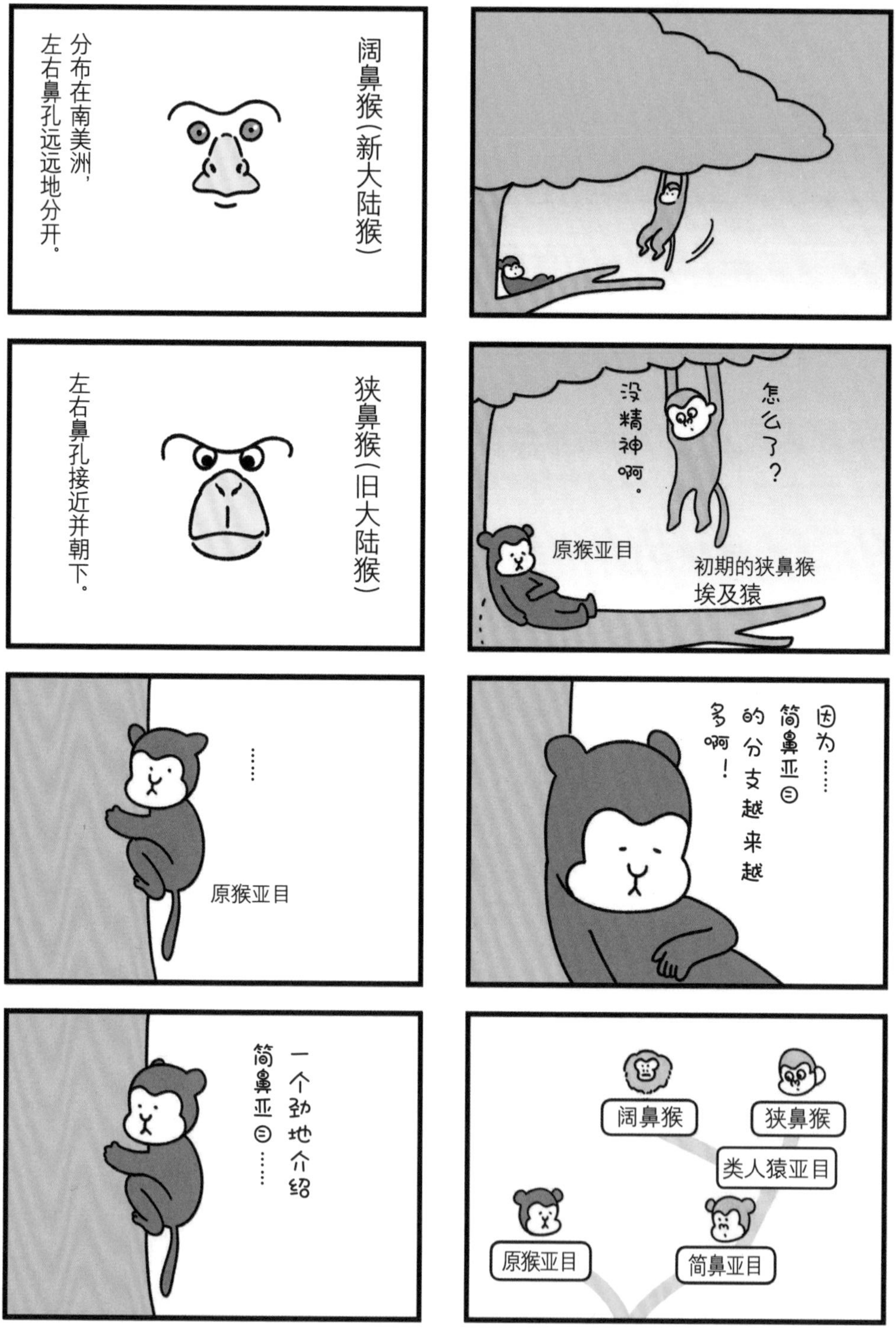

怎么了？
没精神啊。
原猴亚目
初期的狭鼻猴
埃及猿
因为……简鼻亚目的分支越来越多啊！
阔鼻猴
狭鼻猴
类人猿亚目
原猴亚目
简鼻亚目
阔鼻猴（新大陆猴）
分布在南美洲，
左右鼻孔远远地分开。
狭鼻猴（旧大陆猴）
左右鼻孔接近并朝下。
……
原猴亚目
一个劲地介绍
简鼻亚目……

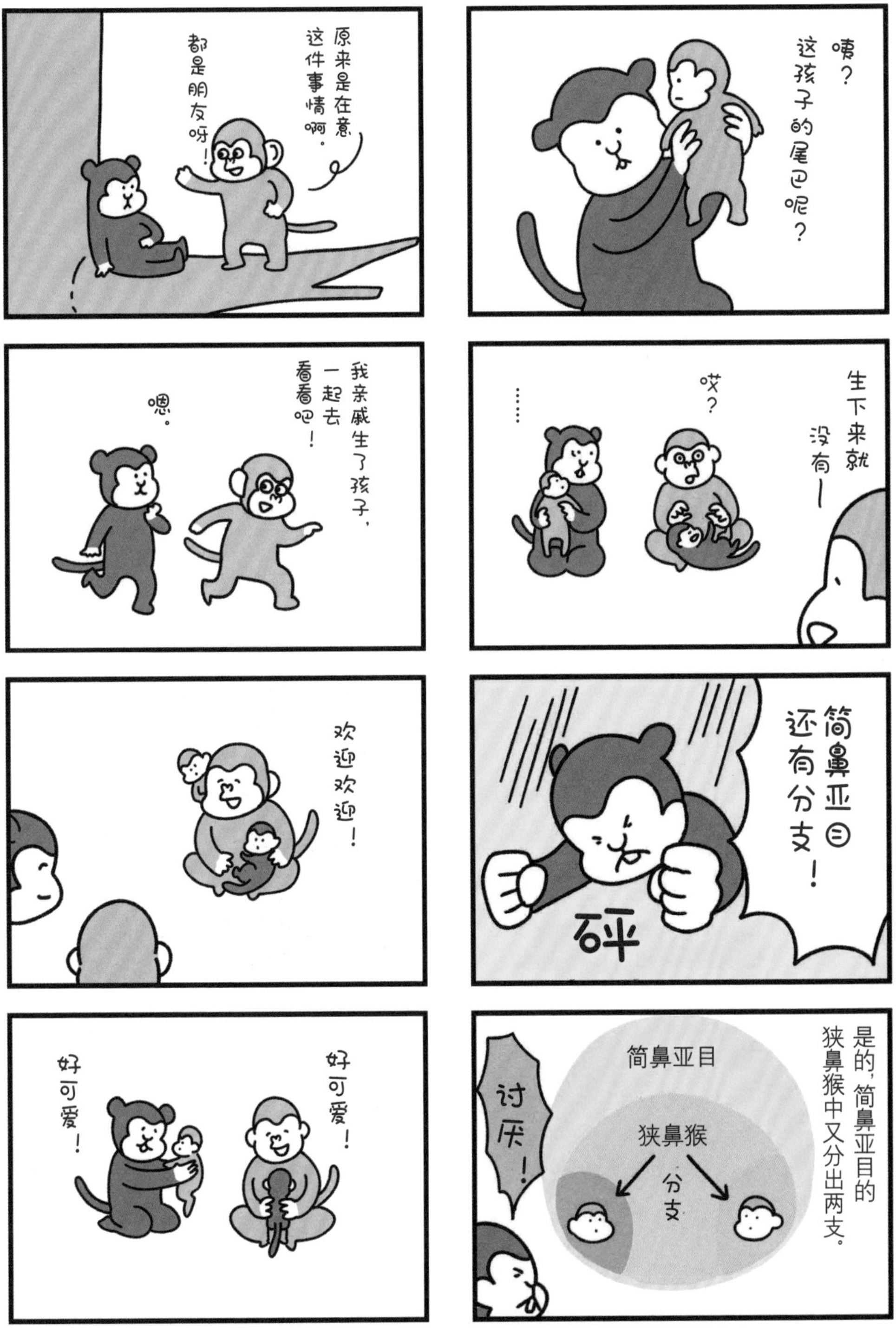

原来是在意这件事情啊。
都是朋友呀！
我亲戚生了孩子，一起去看看吧！
嗯。
欢迎欢迎！
好可爱！
好可爱！
咦？这孩子的尾巴呢？
生下来就没有——
哎？
……
简鼻亚目还有分支！
砰
是的，简鼻亚目的狭鼻猴中又分出两支。
简鼻亚目
狭鼻猴
分支
讨厌！

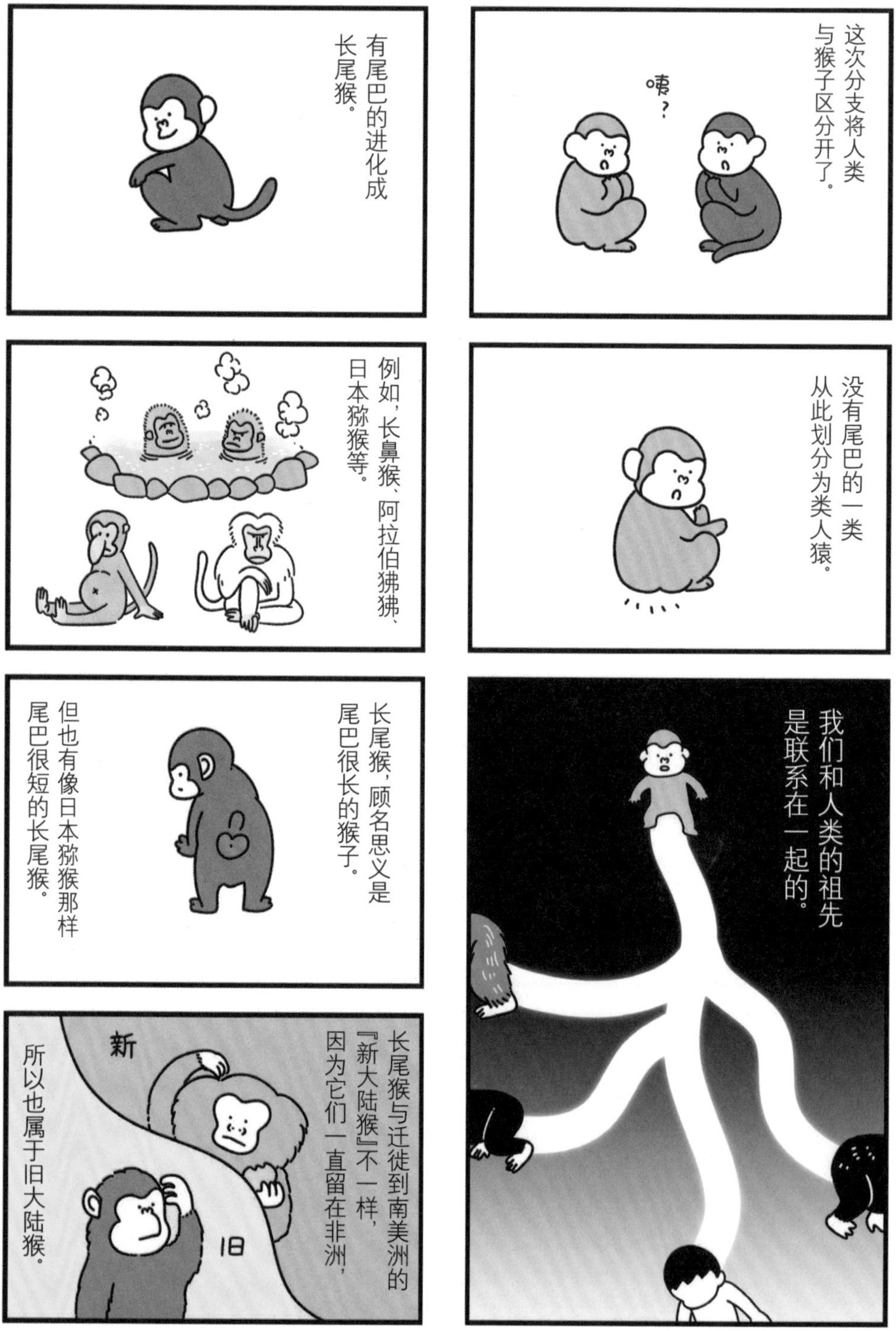
这次分支将人类与猴子区分开了。
咦？
有尾巴的进化成长尾猴。
没有尾巴的一类从此划分为类人猿。
例如，长鼻猴、阿拉伯狒狒、日本猕猴等。
我们和人类的祖先是联系在一起的。
长尾猴，顾名思义是尾巴很长的猴子。
但也有像日本猕猴那样尾巴很短的长尾猴。
长尾猴与迁徙到南美洲的『新大陆猴』不一样，因为它们一直留在非洲，
所以也属于旧大陆猴。
新
旧

生物大灭绝后幸存下来的哺乳动物

真兽亚纲
始祖兽

始祖兽所属的群体幸存下来了啊！
和老鼠不同，我们是小型的哺乳动物。

在白垩纪发生了恐怖的生物大灭绝——
像恐龙一样的大型动物们几乎都灭绝了。
幸存下来的群体中，
有弱小的小型哺乳动物。
多亏它们幸存了下来，
才有了今天的我们。

所以并没有因为食物而困扰。
它们是杂食动物
繁殖的速度也很快
用肚子保护孩子

恐龙中的幸存者“鸟类”

鸟类是恐龙中的幸存者。
现在，幸存下来的小型恐龙——鸟类，进化成各种各样的形态，在世界各地繁荣发展。

恐鸟目
冠恐鸟

最古老的企鹅目
威马奴企鹅

身边的鸟类
麻雀

扩散的哺乳动物

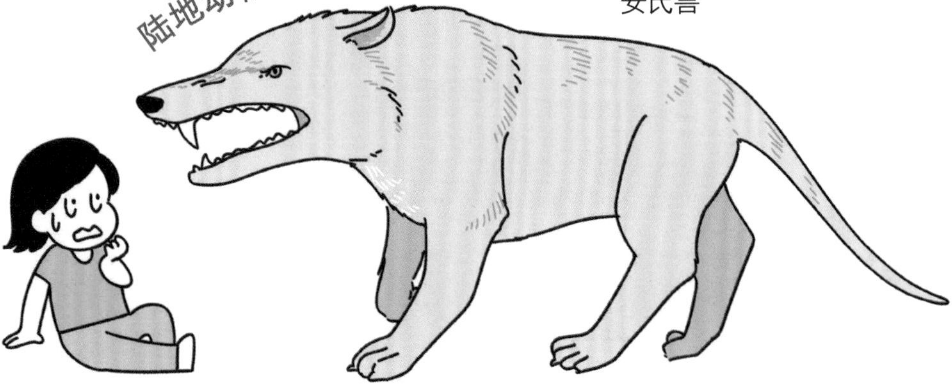

偶蹄目

安氏兽

体长超过三点五米，其中腭占了四分之一，
它也被称为腐肉食兽。

翼手目

伊神蝠

“翼手目”是唯一能飞的哺乳动物。
使用超声波探知周围的情况，
“回声定位”也是这个时候进化出来的。

真兽亚纲

小古猫

被认为是犬科和猫科共同的祖先。
它是小型的哺乳动物，
生活在树上。

奇蹄目

巨犀

史上最大的陆地哺乳动物。
它被认为是巨犀属的同一种类，
据说跑得特别快。

鲸鱼的祖先

偶蹄目

印原猪

偶蹄目

巴基斯坦古鲸

印原猪和巴基斯坦古鲸一样，
其耳朵的构造和鲸鱼的几乎相同。
巴基斯坦古鲸的眼睛长在上面，
和鳄鱼一样可以从水面上看到周围的情况。

身形巨大，能在海洋里游泳的“鲸鱼”，
曾经，也是陆地上小小的哺乳动物。

Neogene Period
2303万年前
至
258万年前

新近纪

由于温暖的气候，所有的生物都充满活力地活着。与此同时，陆地上的类人猿也逐渐繁荣、分化。

进化的动物们

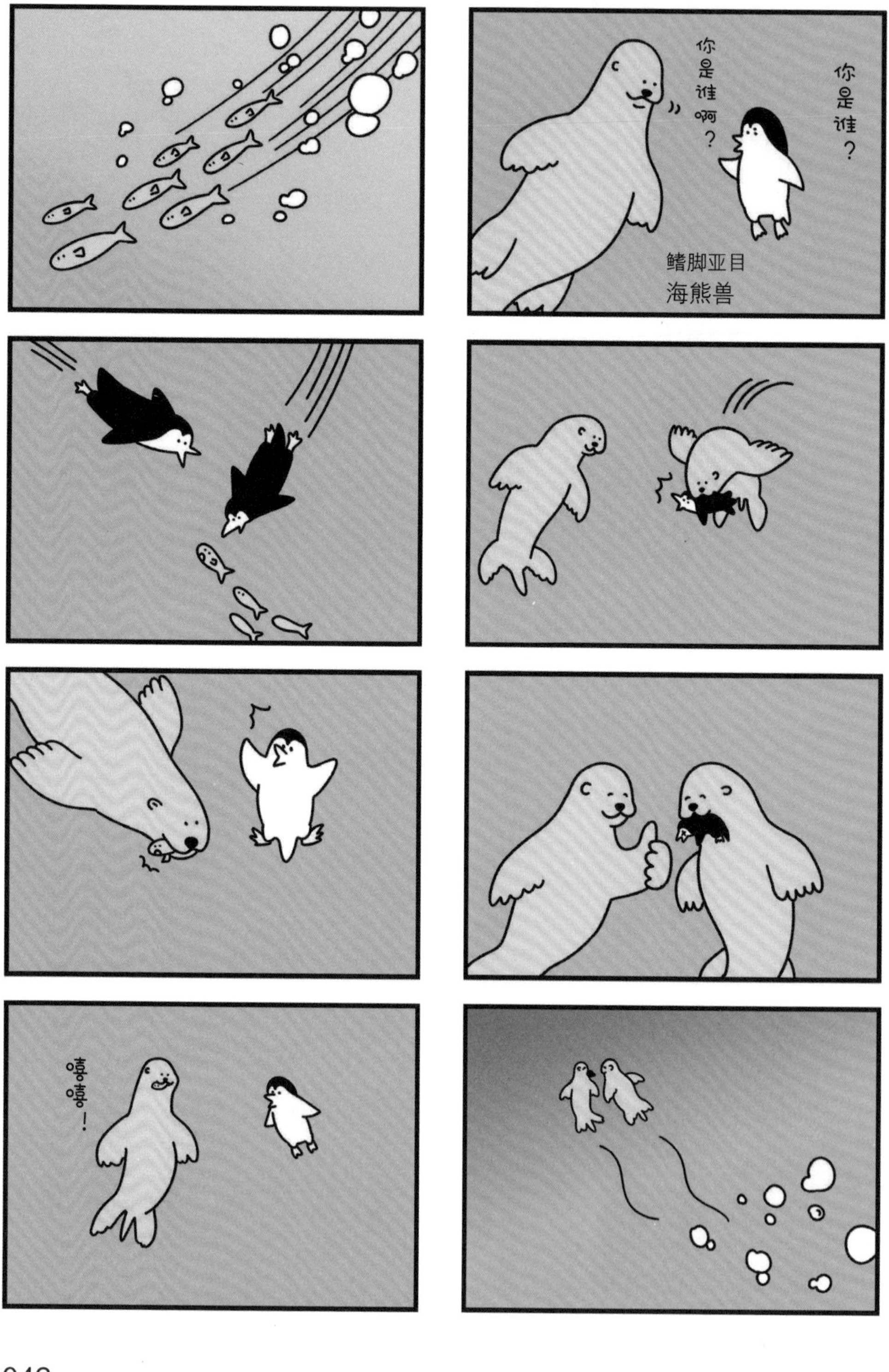
你是谁？
你是谁啊？
鳍脚亚目
海熊兽
嘻嘻！

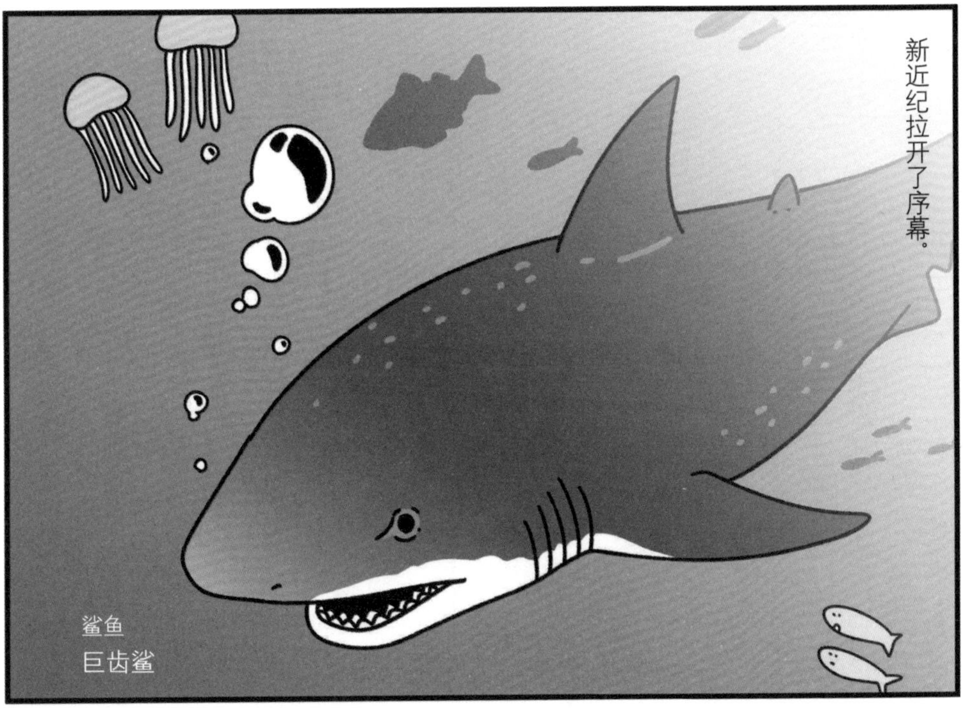
新近纪拉开了序幕。
鲨鱼
巨齿鲨

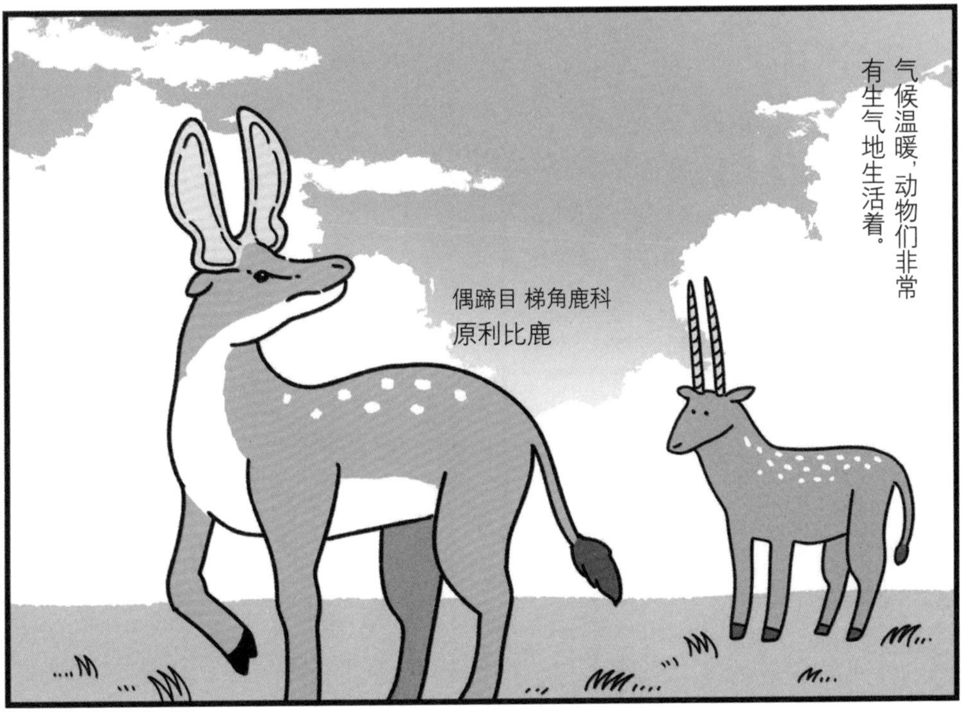
气候温暖，动物们非常有生气地生活着。
偶蹄目 梯角鹿科
原利比鹿

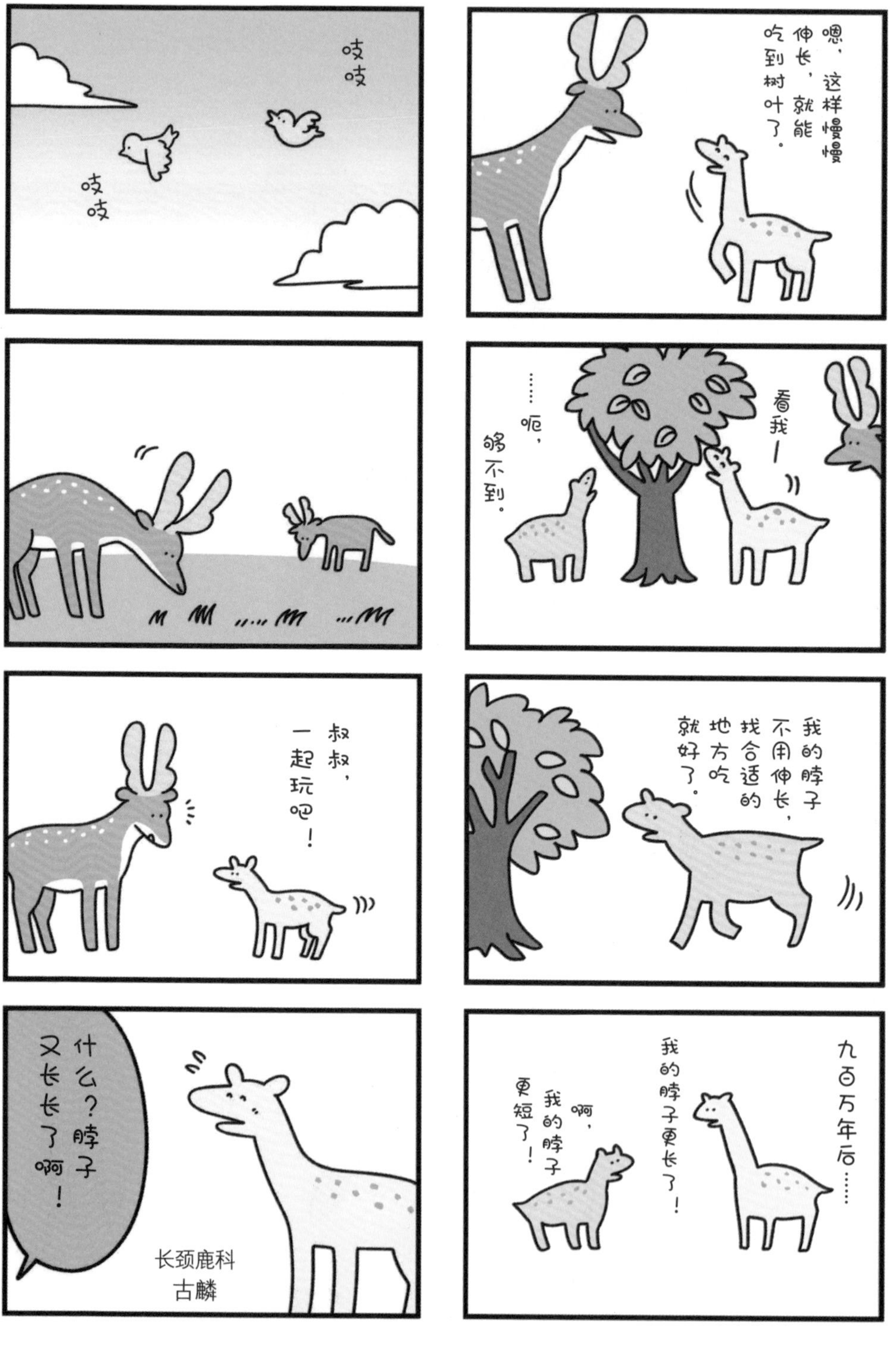
吱吱
吱吱
叔叔，一起玩吧！
什么？脖子又长长了啊！
长颈鹿科
古麟
嗯，这样慢慢伸长，就能吃到树叶了。
看我！
……呃，够不到。
我的脖子不用伸长，找合适的地方吃就好了。
九百万年后……
我的脖子更长了！
啊，我的脖子更短了！

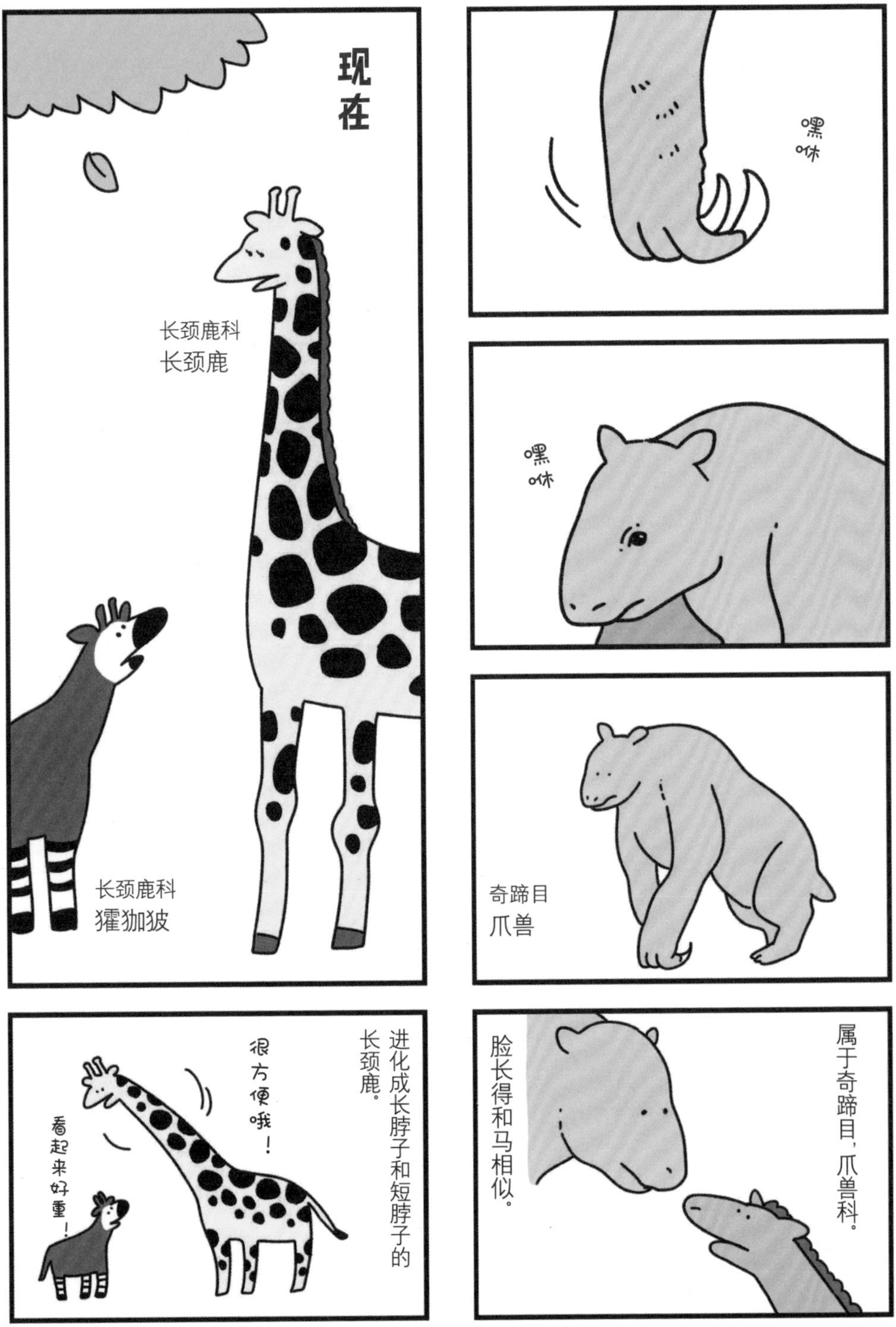
现在
长颈鹿科
长颈鹿
长颈鹿科
㺢㹢狓
进化成长脖子和短脖子的长颈鹿。
很方便哦！
看起来好重！
嘿咻
嘿咻
奇蹄目
爪兽
属于奇蹄目，爪兽科。
脸长得和马相似。

轰隆隆
地震？
看起来像水豚的老鼠。
什么？
没什么……
约瑟夫豚鼠
体重达一吨的巨大生物。
一点四米
六十千克
三米
一吨
令人惊讶的是老鼠和大象拥有共同的祖先。
你和老鼠长得一点儿也不像。
有趣的是，走路的方式像大猩猩。
这里是“指关节”。
真的这么奇怪吗？
啊啊
轰隆隆

被驱逐了

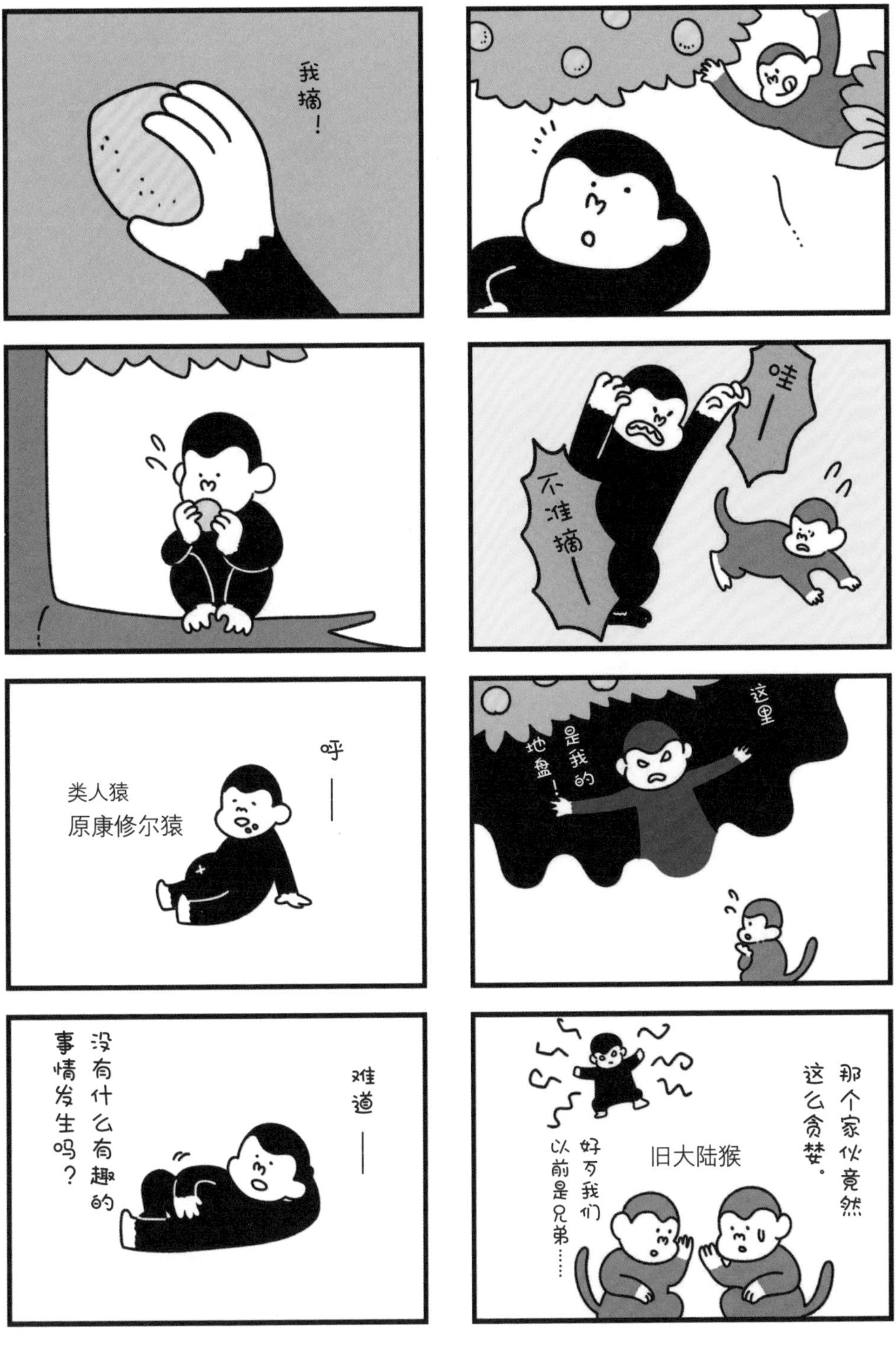
我摘！
类人猿
原康修尔猿
呼——
难道——
没有什么有趣的事情发生吗？
——……
不准摘——
哇——
这里是我的地盘！
那个家伙竟然这么贪婪。
好歹我们以前是兄弟……
旧大陆猴

反复的寒冷化

咻咻
好冷啊！
没时间烦恼了，
我们也要适应环境才行。
切！
慢慢地变得更冷了……
树叶什么的，只要能吃就吃吧！
我们也想吃果实啊！
忍住！忍住！
哼！
太难受了！类人猿的身体和脑袋都很大。
现在只能先忍一忍。

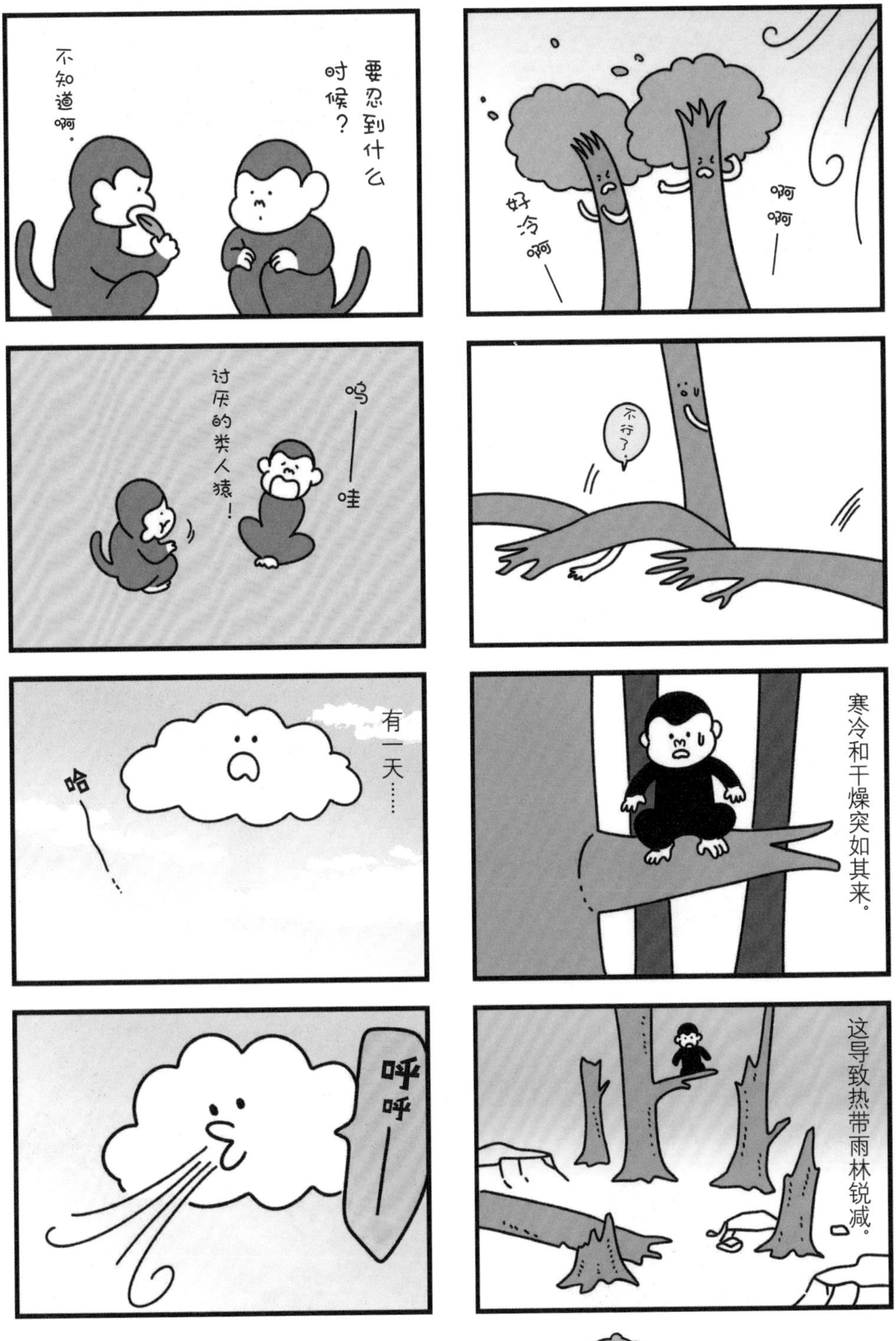
要忍到什么时候？
不知道啊。
讨厌的类人猿！
呜——哇
有一天……
哈——…
呼呼——
啊啊——
好冷啊——
不行了。
寒冷和干燥突如其来。
这导致热带雨林锐减。

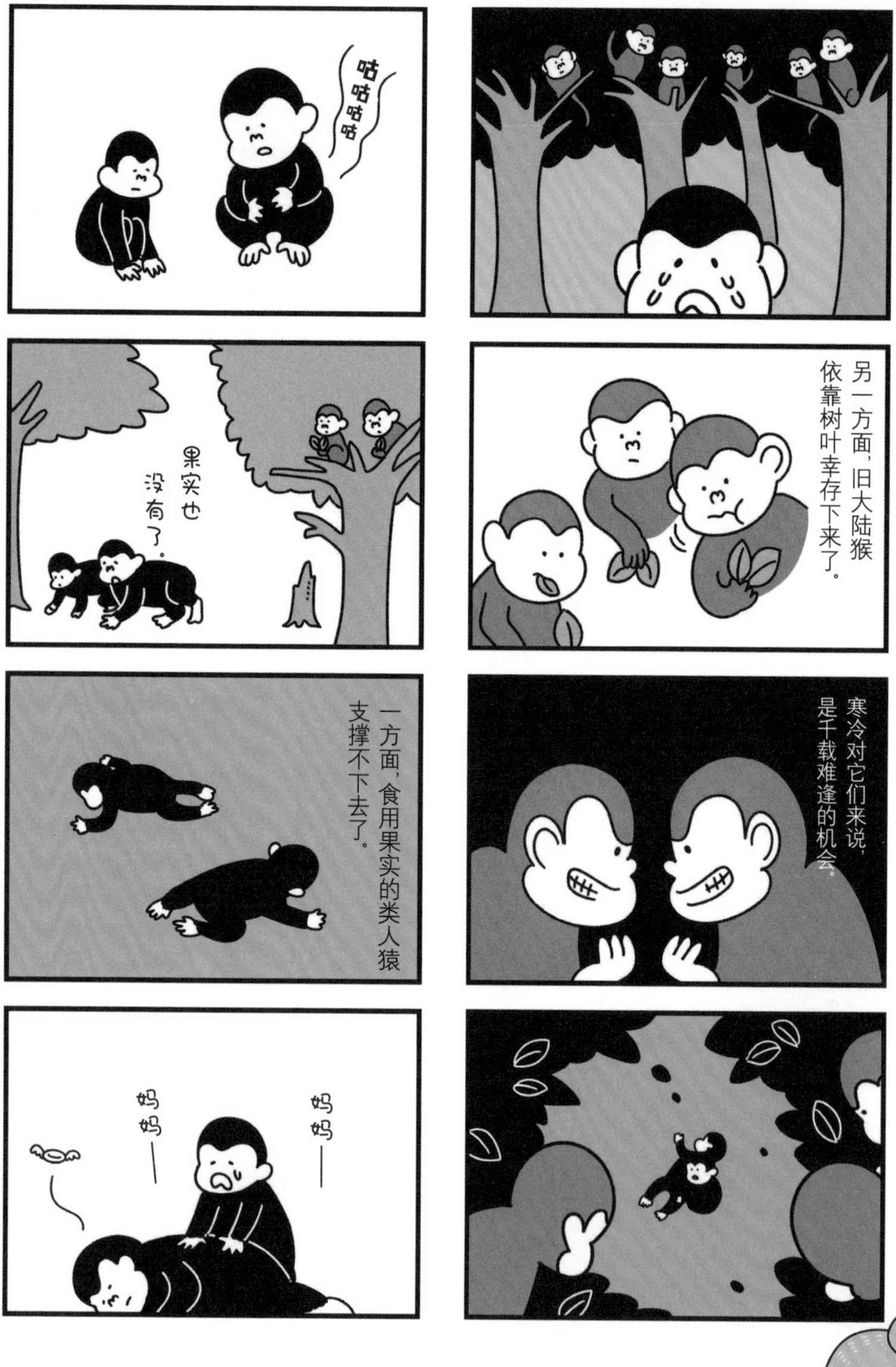

咕咕咕咕
果实也没有了。
一方面，食用果实的类人猿支撑不下去了。
妈妈——
妈妈——
另一方面，旧大陆猴依靠树叶幸存下来了。
寒冷对它们来说，是千载难逢的机会。

反击时刻

曾在热带雨林中繁荣的类人猿们……
数量逐渐减少。
类人猿和旧大陆猴的地位开始反转了。
去
哈哈哈
落荒而逃
啊，
怎么办啊……

轻量化

没错没错，要怪就怪
我太笨重了。
我帮你采果实吧。
由于轻量化，类人猿能够在树枝间自由行动。
它是长臂猿的祖先。
灵长目
长臂猿
但是，进化往往在逆境中才能发挥出来。
呀嚯—
还在玩啊！
我们和姐姐不一样。
身体很轻便。
所以玩得很开心啊！

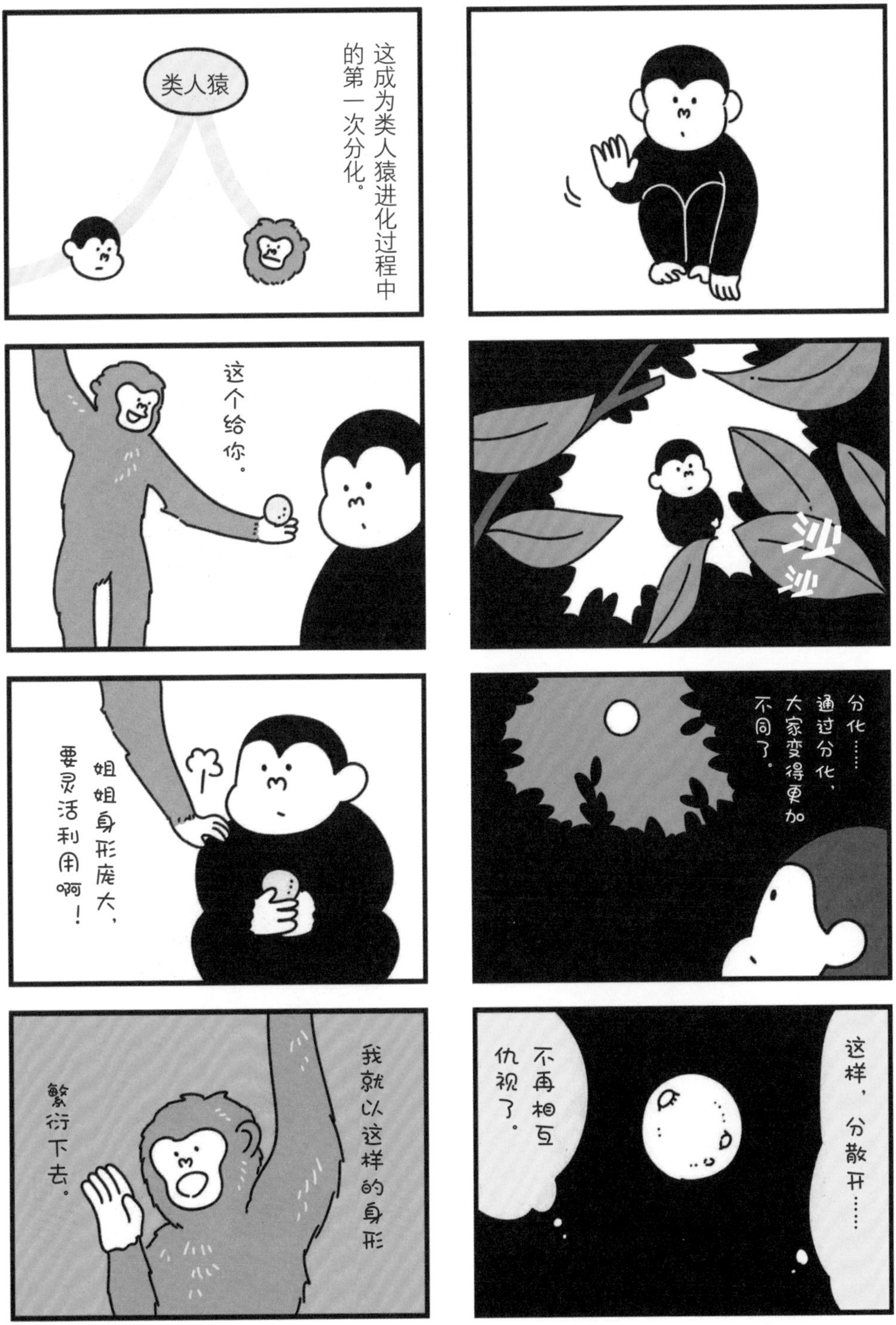
类人猿
这成为类人猿进化过程中的第一次分化。
这个给你。
沙沙
姐姐身形庞大，要灵活利用啊！
分化……通过分化，大家变得更加不同了。
我就以这样的身形繁衍下去。
这样，分散开……
不再相互仇视了。

人猿和大猩猩

慢腾腾
慢腾腾
慢腾腾
慢腾腾
嘭
嘭
从类人猿中进化出人猿的祖先。
哟。
唷。
人猿叔叔，你好啊。
你好。
为什么你长得那么大呢？为什么毛那么长？
为什么？为什么呀？
我们会变成什么样呢？
我们也能变得这么大吗？

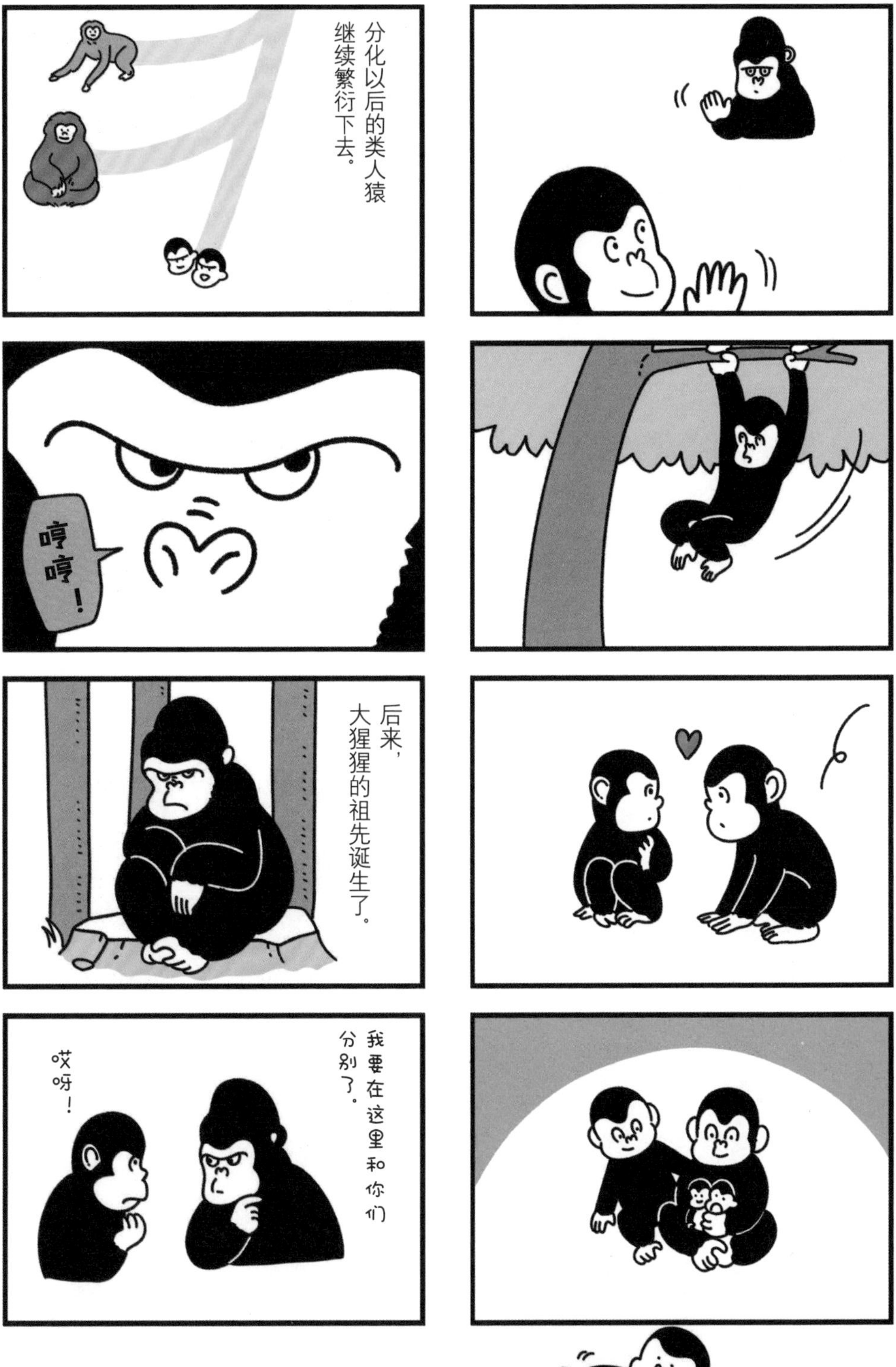
分化以后的类人猿继续繁衍下去。
哼哼！
后来，大猩猩的祖先诞生了。
我要在这里和你们分别了。
哎呀！

再见,类人猿

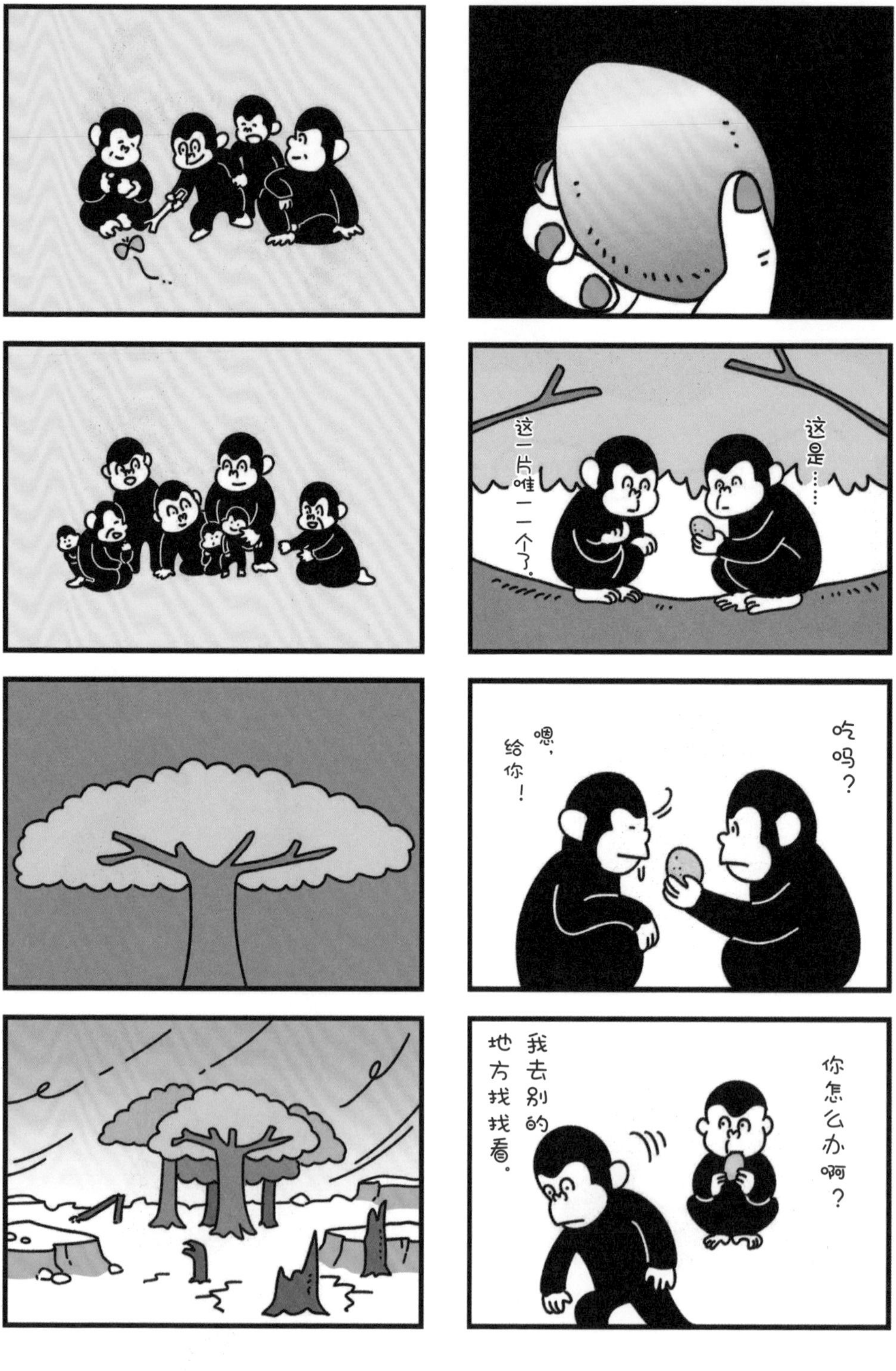

我要摘很多！
带回去！
扑通！
小心点儿啊！
说起来，那个家伙的行动力真强啊……
厉害！
哇！
果实！

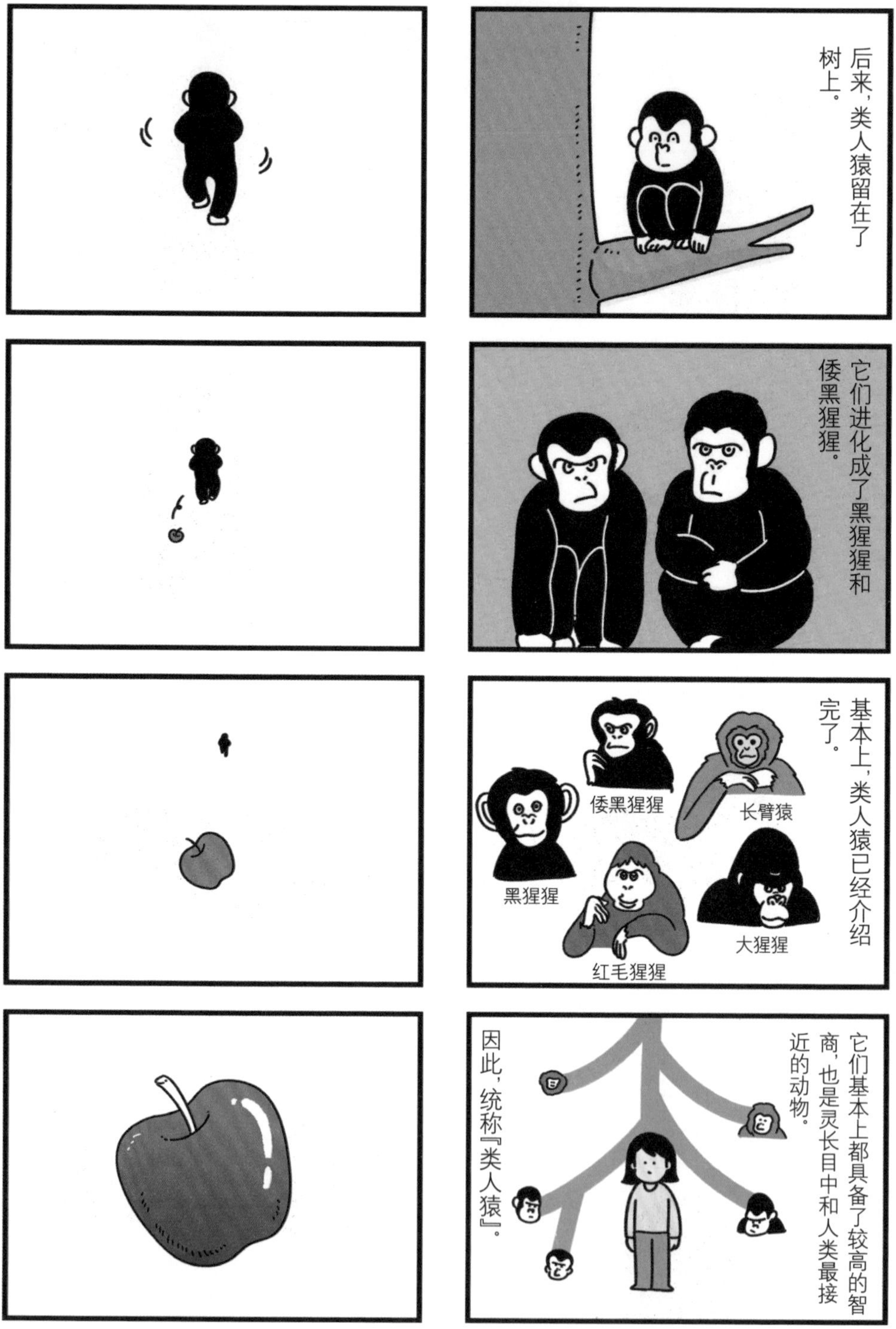
后来，类人猿留在了树上。
它们进化成了黑猩猩和倭黑猩猩。
基本上，类人猿已经介绍完了。
倭黑猩猩
长臂猿
黑猩猩
大猩猩
红毛猩猩
它们基本上都具备了较高的智商，也是灵长目中和人类最接近的动物。
因此，统称『类人猿』。

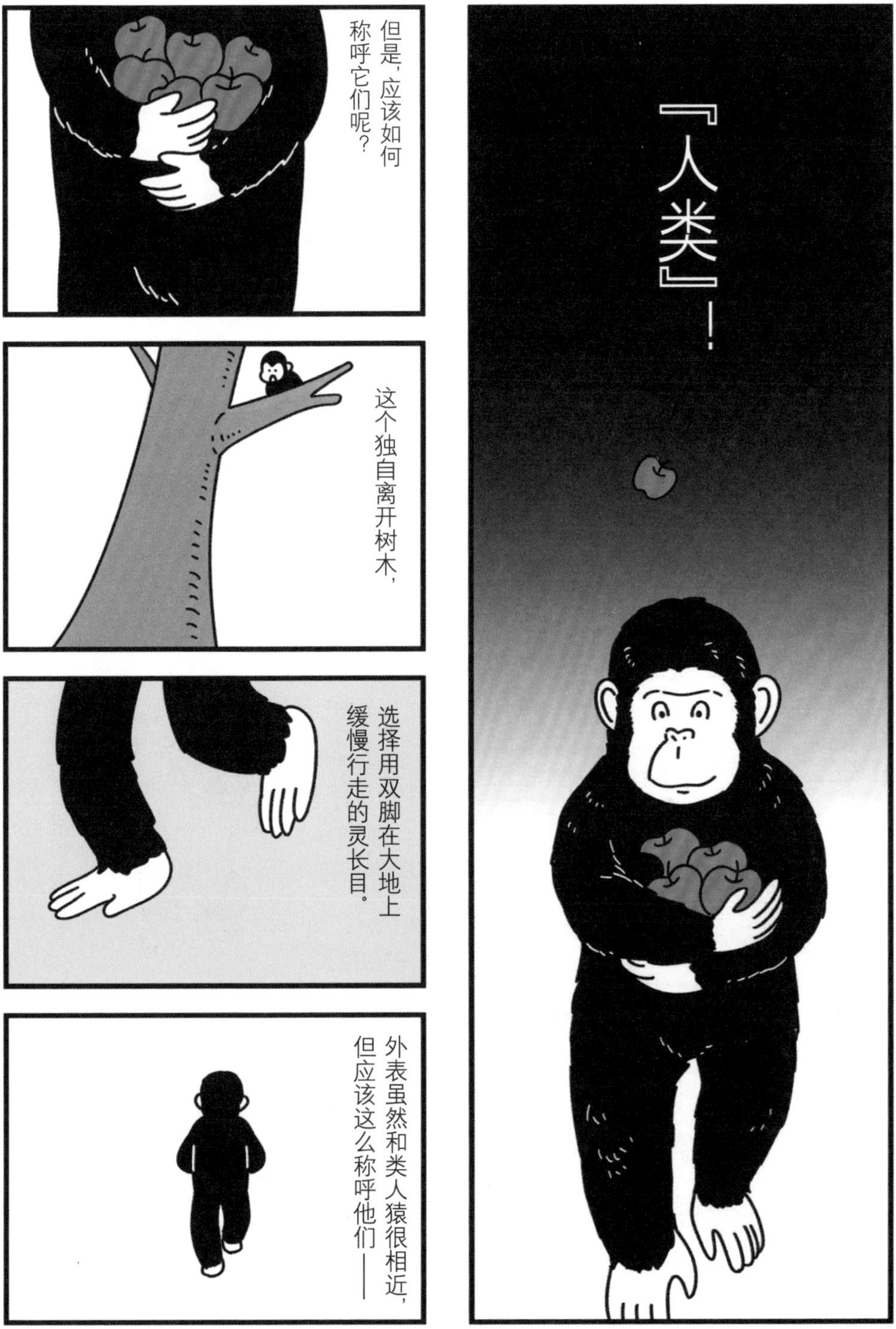
但是，应该如何称呼它们呢？
这个独自离开树木，
选择用双脚在大地上缓慢行走的灵长目。
外表虽然和类人猿很相近，但应该这么称呼他们——
『人类』！

最初的人类

最初的人类的名称
人科
人亚科
现在在这里
人属
早期的人类
距今七百万年前，最初的人类诞生了。
最古老的人类
乍得沙赫人
脑容量只有三百六十立方厘米。
和小型黑猩猩的差不多大。
拿回来了！
根据头颅骨的特征，可以估测他们是双脚行走的。
就在那里。
就在那里。
另外，一百万年以后的地层中还发现了其他原始人类骸骨化石。
嗨！
我才不是图根原人。
人亚科
图根原人
一百万年后……
咦？
完了吗？
终归只是个配角啊……
人亚科
卡达巴地猿

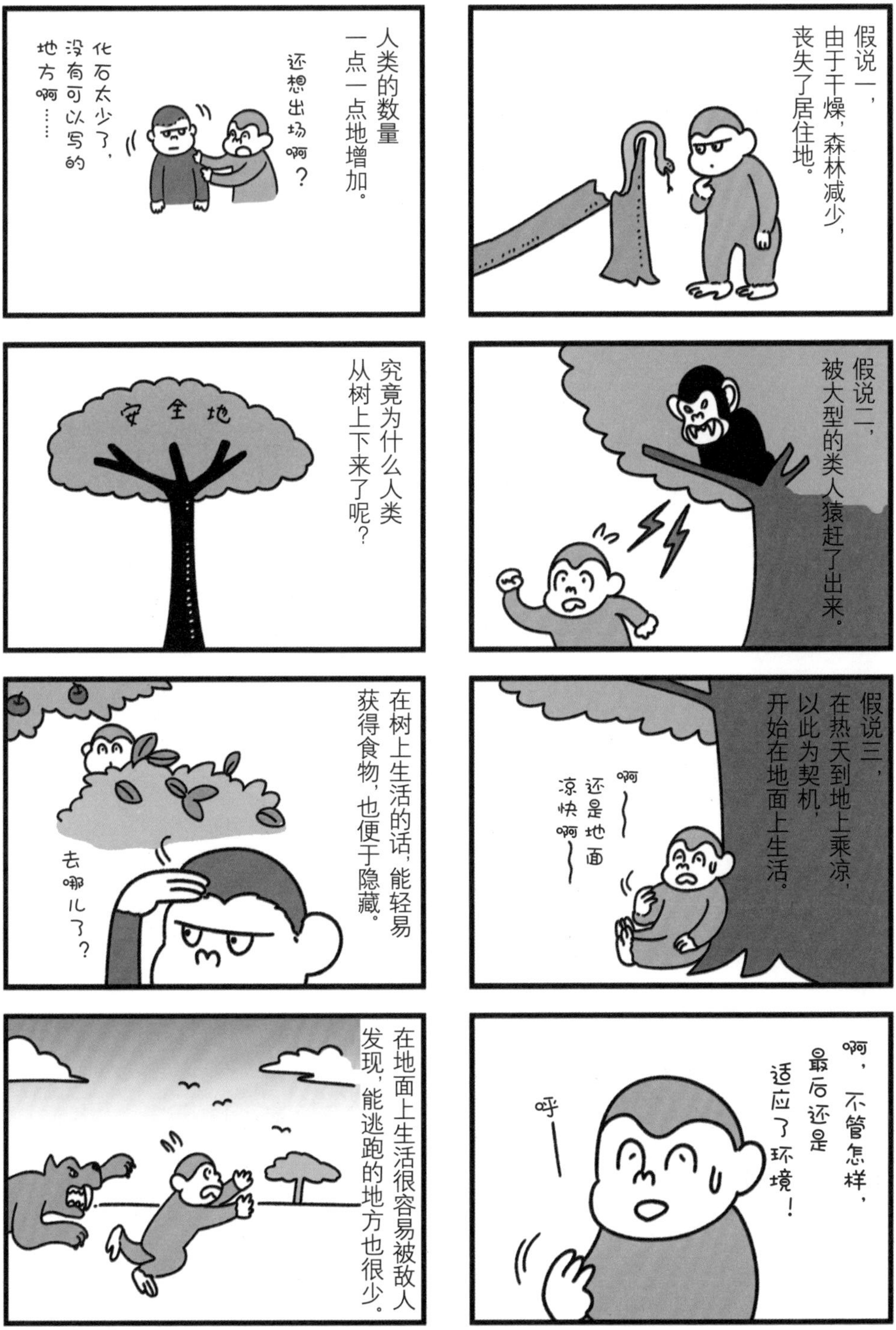
人类的数量一点一点地增加。
还想出场啊？
化石太少了，没有可以写的地方啊……
究竟为什么人类从树上下来了呢？
安全地
在树上生活的话，能轻易获得食物，也便于隐藏。
去哪儿了？
在地面上生活很容易被敌人发现，能逃跑的地方也很少。
假说一，由于干燥，森林减少，丧失了居住地。
假说二，被大型的类人猿赶了出来。
假说三，在热天到地上乘凉，以此为契机，开始在地面上生活。
啊～还是地面凉快啊～
啊，不管怎样，最后还是适应了环境！
呼——

始祖地猿

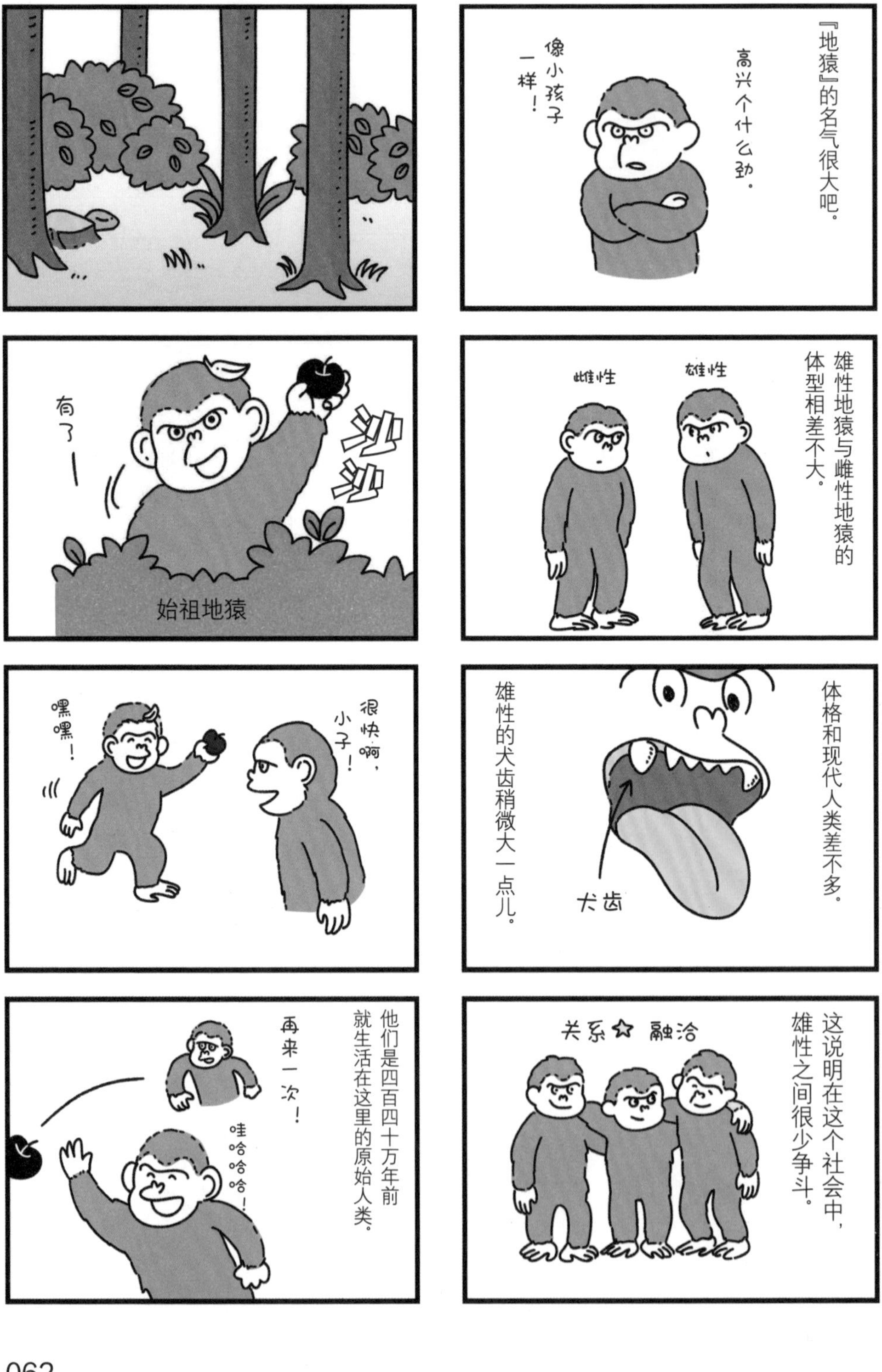
有了！
沙沙
始祖地猿
很快啊，小子！
嘿嘿！
他们是四百四十万年前就生活在这里的原始人类。
再来一次！
哇哈哈哈！
『地猿』的名气很大吧。
高兴个什么劲。
像小孩子一样！
雄性地猿与雌性地猿的体型相差不大。
雄性
雌性
体格和现代人类差不多。
雄性的犬齿稍微大一点儿。
犬齿
这说明在这个社会中，雄性之间很少争斗。
关系☆融洽

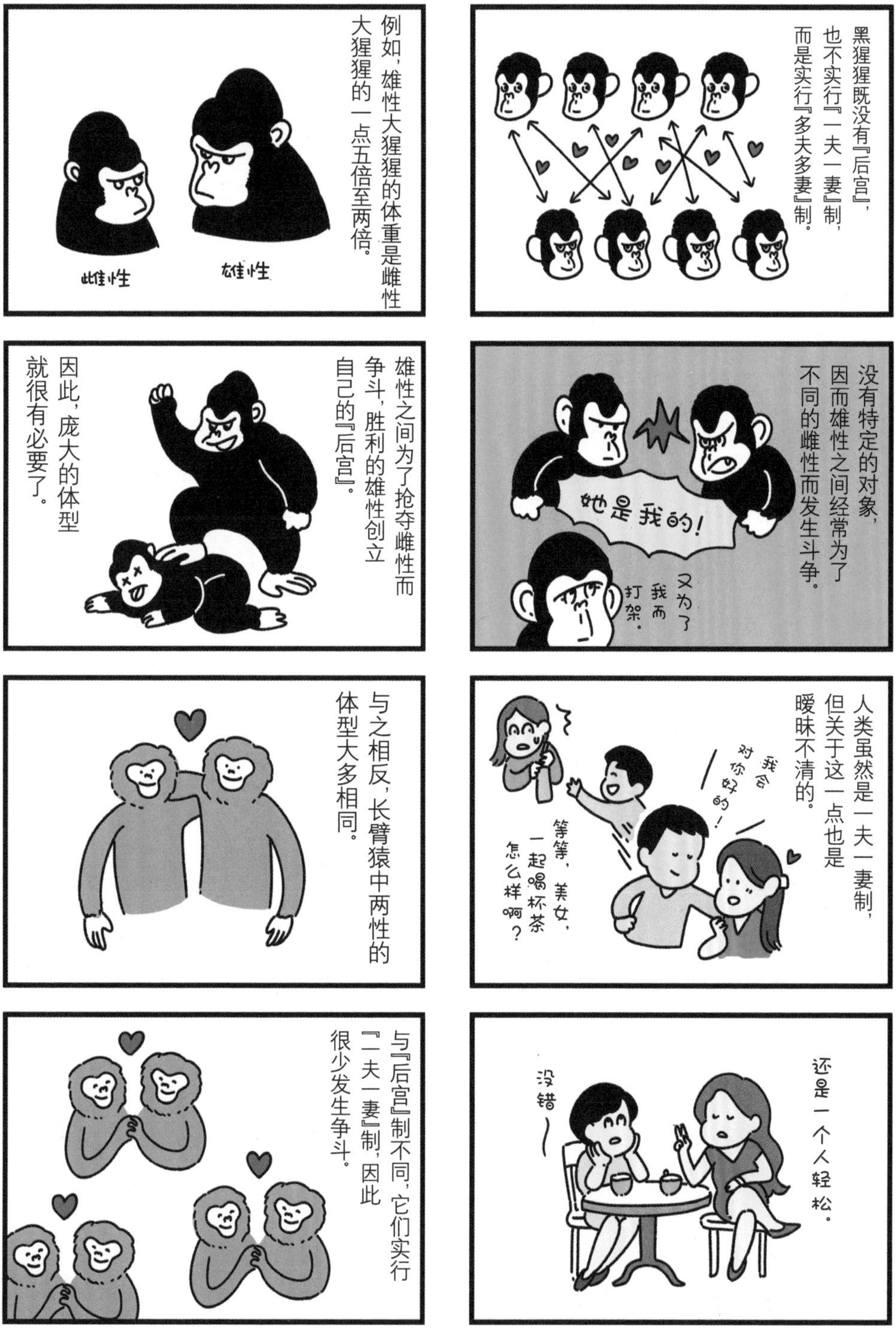
黑猩猩既没有『后宫』，也不实行『一夫一妻』制，而是实行『多夫多妻』制。
没有特定的对象，因而雄性之间经常为了不同的雌性而发生斗争。
她是我的！
又为了我而打架。
人类虽然是一夫一妻制，但关于这一点也是暧昧不清的。
我会对你好的！
等等，美女，一起喝杯茶怎么样啊？
还是一个人轻松。
没错～
例如，雄性大猩猩的体重是雌性大猩猩的一点五倍至两倍。
雌性
雄性
雄性之间为了抢夺雌性而争斗，胜利的雄性创立自己的『后宫』。
因此，庞大的体型就很有必要了。
与之相反，长臂猿中两性的体型大多相同。
与『后宫』制不同，它们实行『一夫一妻』制，因此很少发生争斗。

汤恩小孩

在人类当中，
最有名的是南方古猿。
南方古猿
南方古猿阿法种
禾本科
我喜欢吃谷物。
阿法南方古猿吃果实和
叶子以外，还吃别的食物。
以后，
我想吃
更美味
的谷物。
在同一时期登场的是
非洲南方古猿。
非洲南方古猿
呀！
呀！
不要去
太远的地方
玩啊——
好——

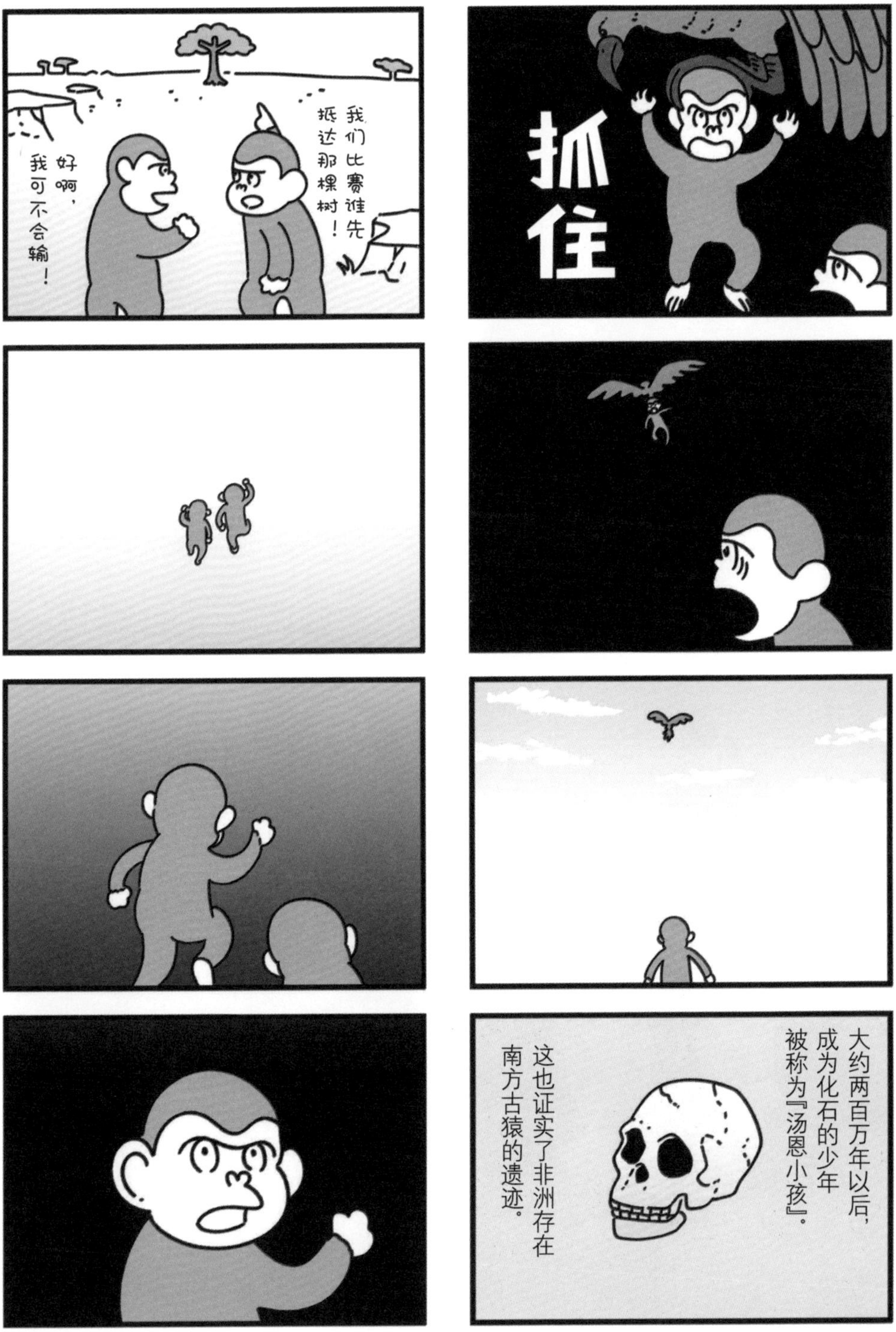
我们比赛谁先抵达那棵树！
好啊，我可不会输！
抓住
大约两百万年以后，成为化石的少年被称为『汤恩小孩』。
这也证实了非洲存在南方古猿的遗迹。

南方古猿

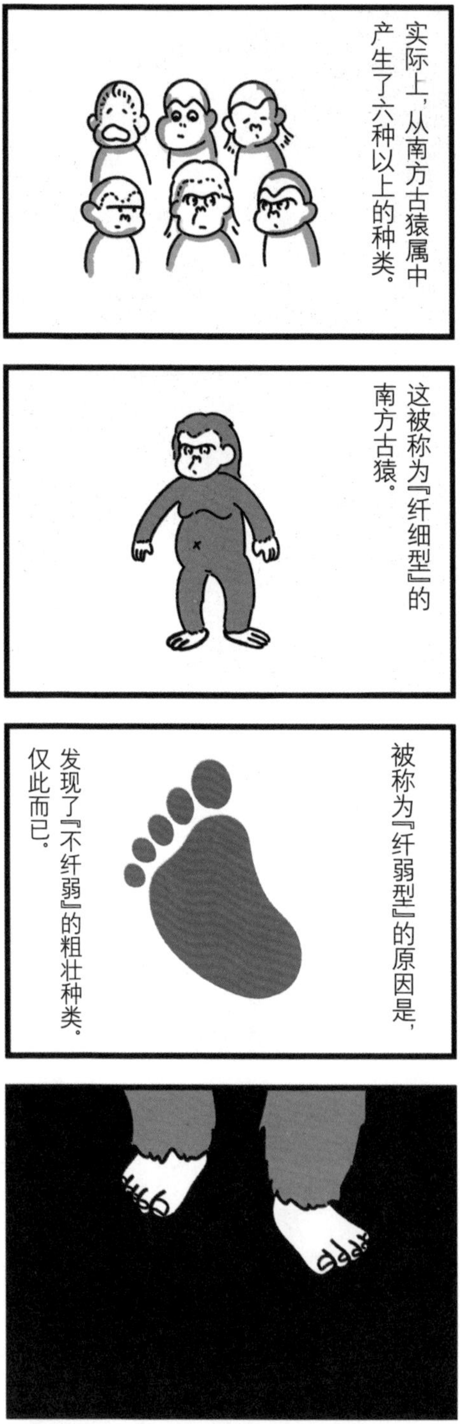

实际上，从南方古猿属中
产生了六种以上的种类。
这被称为『纤细型』的
南方古猿。
被称为『纤弱型』的原因是，
发现了『不纤弱』的粗壮种类。
仅此而已。

巨大的生物

鲨鱼

巨齿鲨

据推测体长为十一至二十米的巨型鲨鱼。
鲨鱼属于软骨鱼纲，所以只留下了牙的化石。
因此，复原图是想象的，其大小也是推算的。

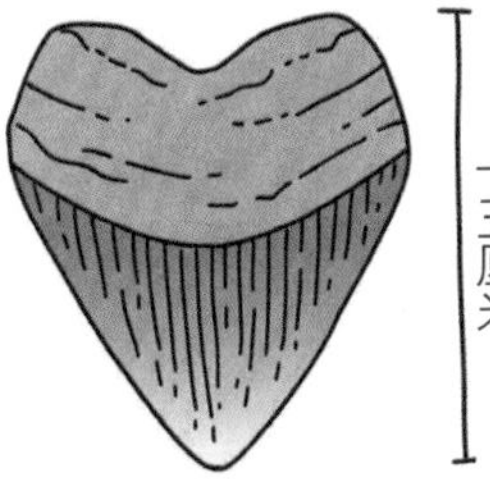

巨齿鲨的牙齿

奇蹄目

爪兽

用指关节行走的大型哺乳动物。
前脚很长，外形像马，但是像大猩猩一样行走。

长颈鹿的进化

引自土屋健：《古近纪、新近纪、第四纪的生物》（下卷）

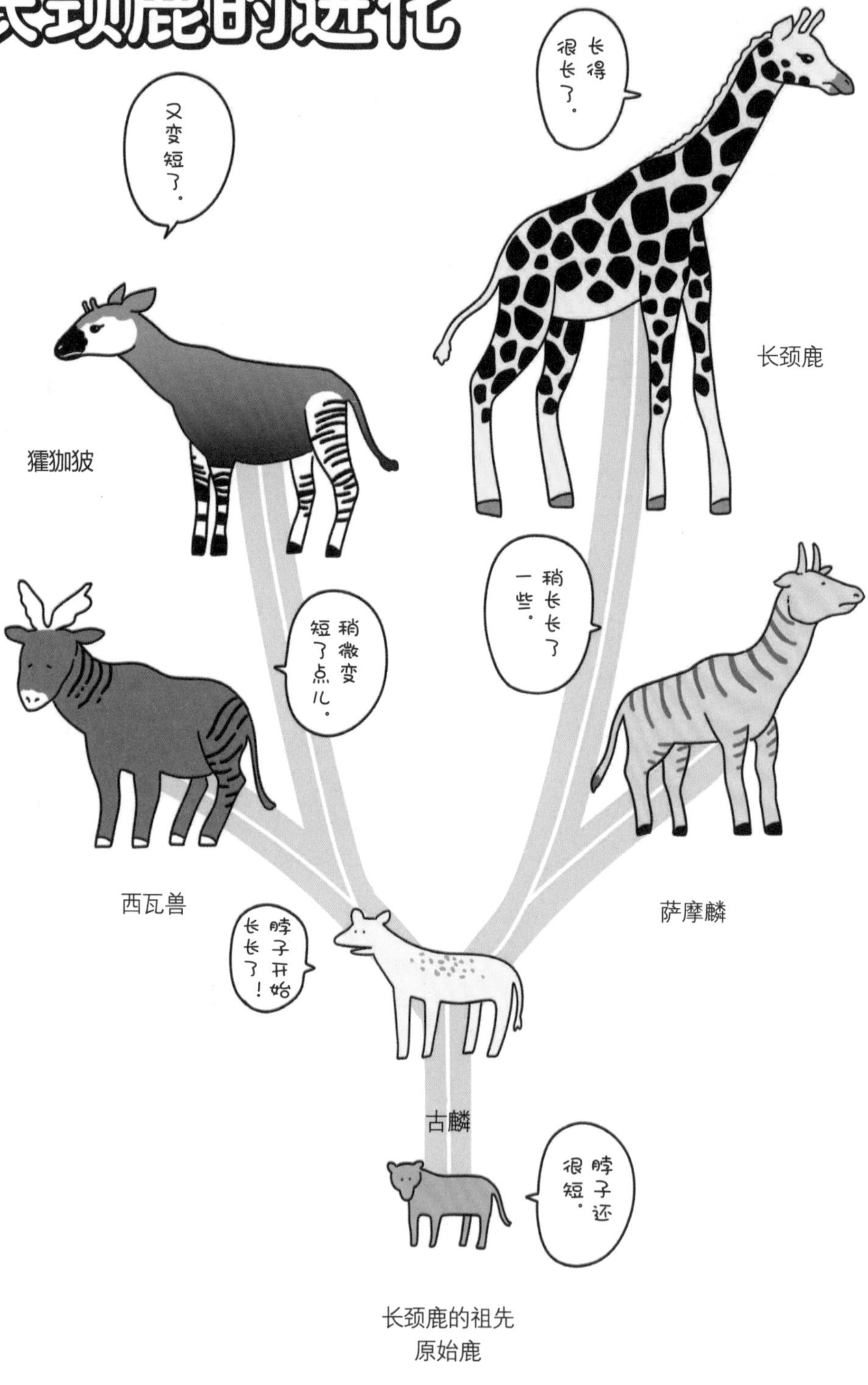

Quaternary Period

258万年前至现在

第四纪

关于进化的故事终于迎来了终章。
如此漫长的历史进程，用漫画的形式表现，
也只是片刻之间的事情。
那么，我们又是怎样进化成『智人』的呢？

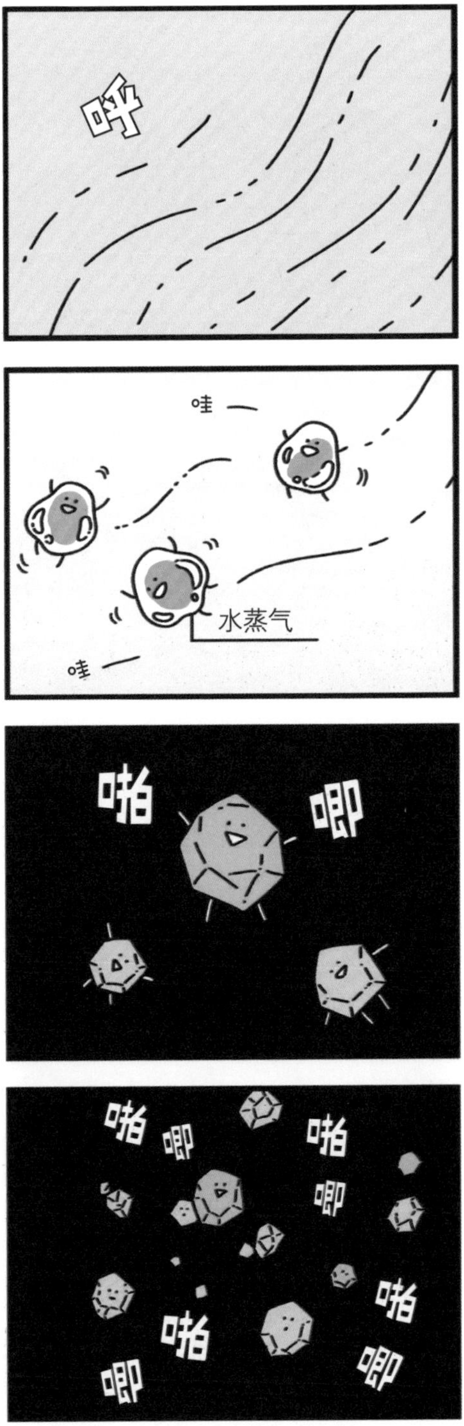

啪 唧
啪唧
啪 唧
啪唧
啪唧
啪唧

等一下,
厕所,
厕所!
被称为『粗壮型』猿人的他们和『纤细型』还是有所不同的。
还好吗?
嗯……
脑的容量有五百三十立方厘米。
有强劲的咀嚼力。
大脑容量和体型比起『纤细型』南方古猿都要稍微大一些。
雄性和雌性的体型相差很大,因此,有人认为这是围绕雌性而发生争斗的社会。
嘭
赢了!
粗壮型南方古猿
傍人属
她归我了。

猫科

现代
PET SHOP
说起人类偏爱的动物当然是……
猫。
现在的猫很可爱，但它曾经是非常凶猛的狩猎者哦。
喵？
古近纪
小古猫
没有地方住了～
我到地面上去好了。
我会想你的……
我继续在树上生活吧。

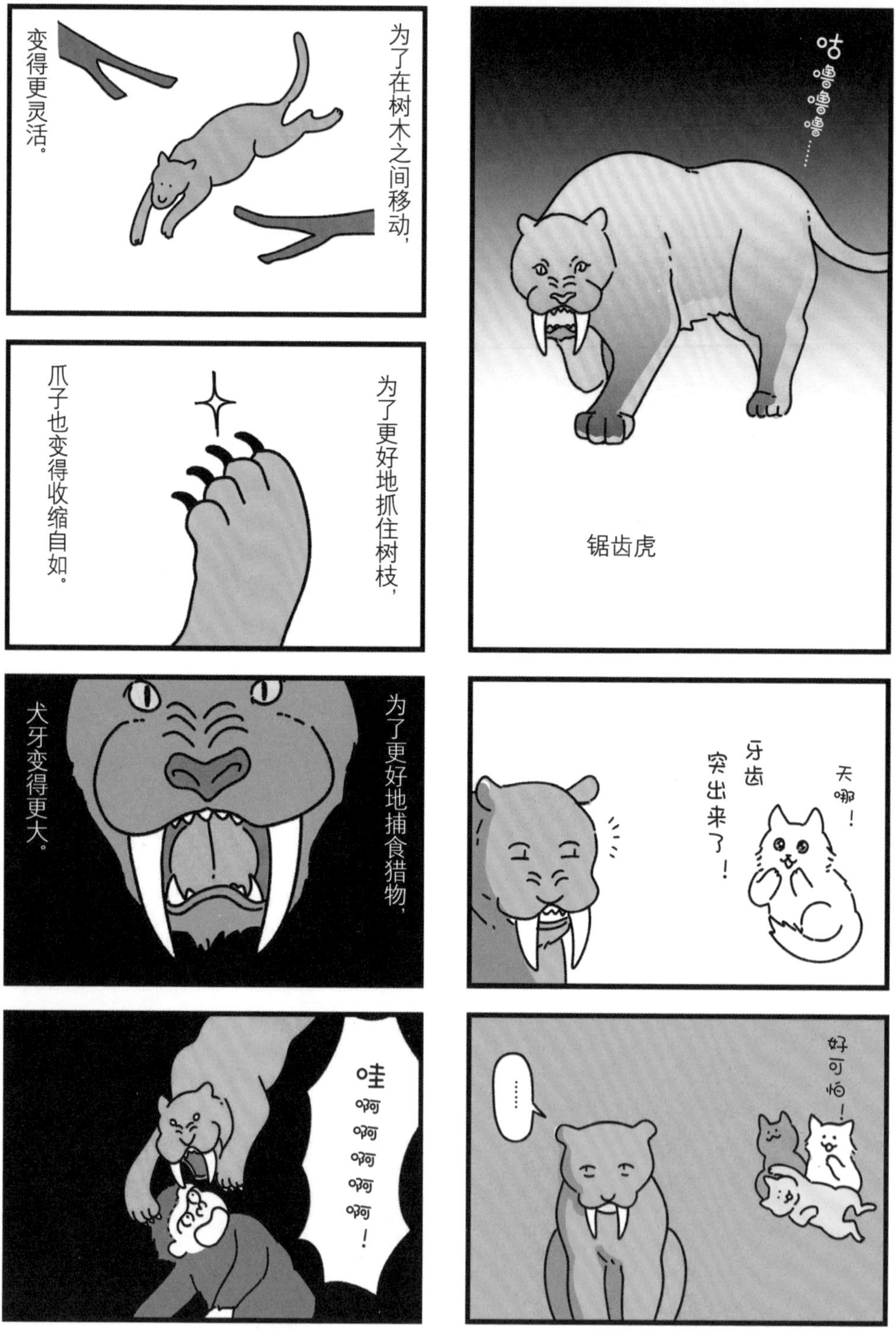
为了在树木之间移动，
变得更灵活。
为了更好地抓住树枝，
爪子也变得收缩自如。
为了更好地捕食猎物，
犬牙变得更大。
哇啊啊啊啊啊！
咕噜噜噜……
锯齿虎
天哪！
牙齿突出来了！
……
好可怕！

人属

咔
咔
啾——
啾——
吸食骨髓的人生……
感觉好空虚啊……
没办法！肉太难获得了。
啾——
啾——
好像是用石器把野兽吃剩的骨头捣碎。
我吃饱了。
这是人类。
嗯。
我吃饱了。
初期的人属
(围绕是否是人属的争论一直在持续中)
能人
最初的人类的名称
人科
人亚科
人属
现在在这儿
早期的人类
类人猿
类人猿

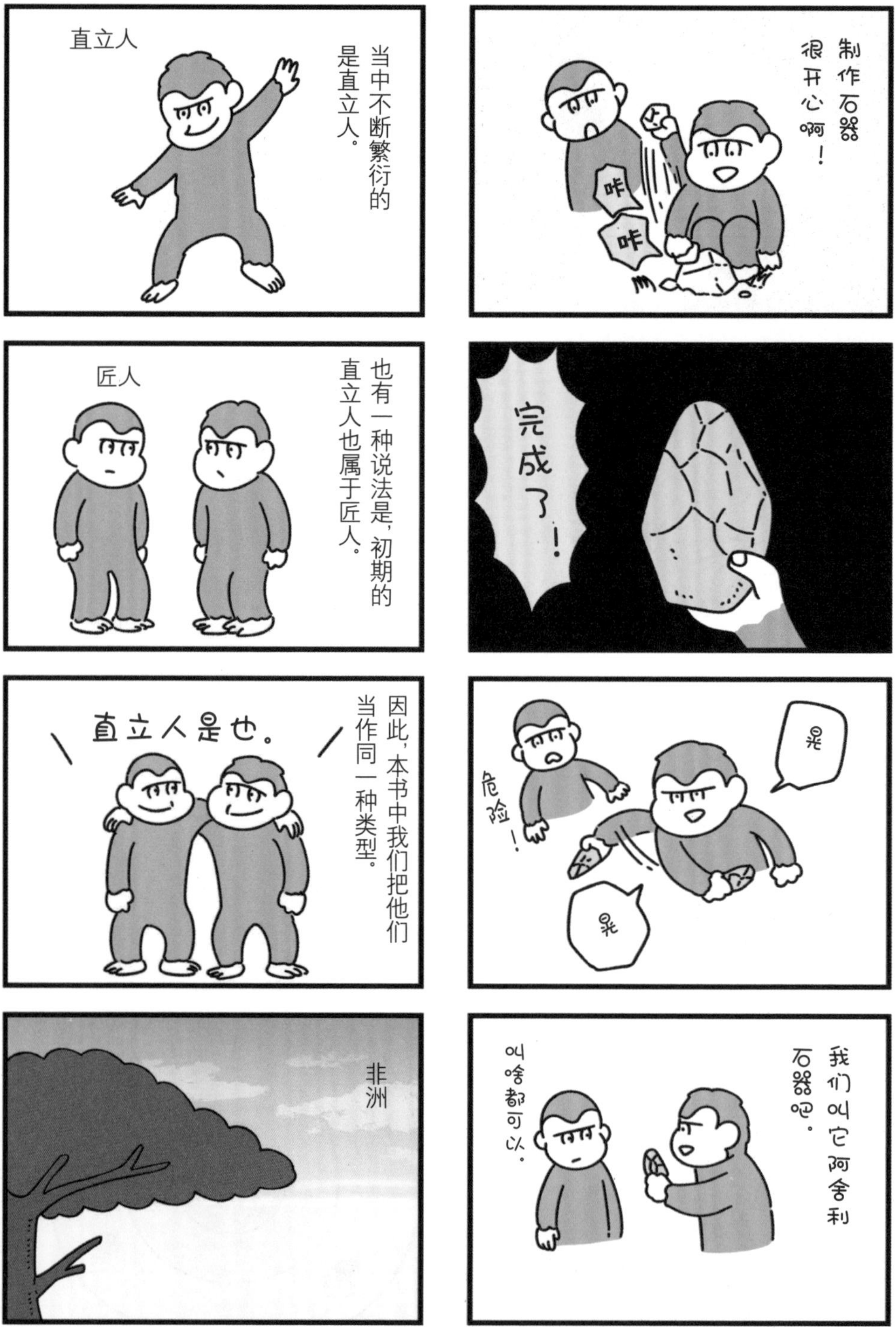

当中不断繁衍的是直立人。
直立人
也有一种说法是，初期的直立人也属于匠人。
匠人
因此，本书中我们把他们当作同一种类型。
直立人是也。
非洲
制作石器很开心啊！
咔
咔
完成了！
危险！
晃
晃
我们叫它阿舍利石器吧。
叫啥都可以。

咚
啊
就这点儿东西根本填不饱肚子啊。
啊！
砰
二百五十万年前就已经开始使用石器了。
形态 1
奥杜威
石器
南方古猿
再次打磨加工后的石器叫作『阿舍利石器』。
形态 2
阿舍利
石器
直立人
这样就可以切开各种东西了。
喏
真是血气方刚啊～
之后数万年间，直立人席卷了整个非洲。

吱吱吱
啊—
是因为昨天打雷才烧起来吗？
真倒霉！
呼—
呼—
啊～
可以吃吗？这个东西……
啊呜
天哪……
味道好极了……

直立人

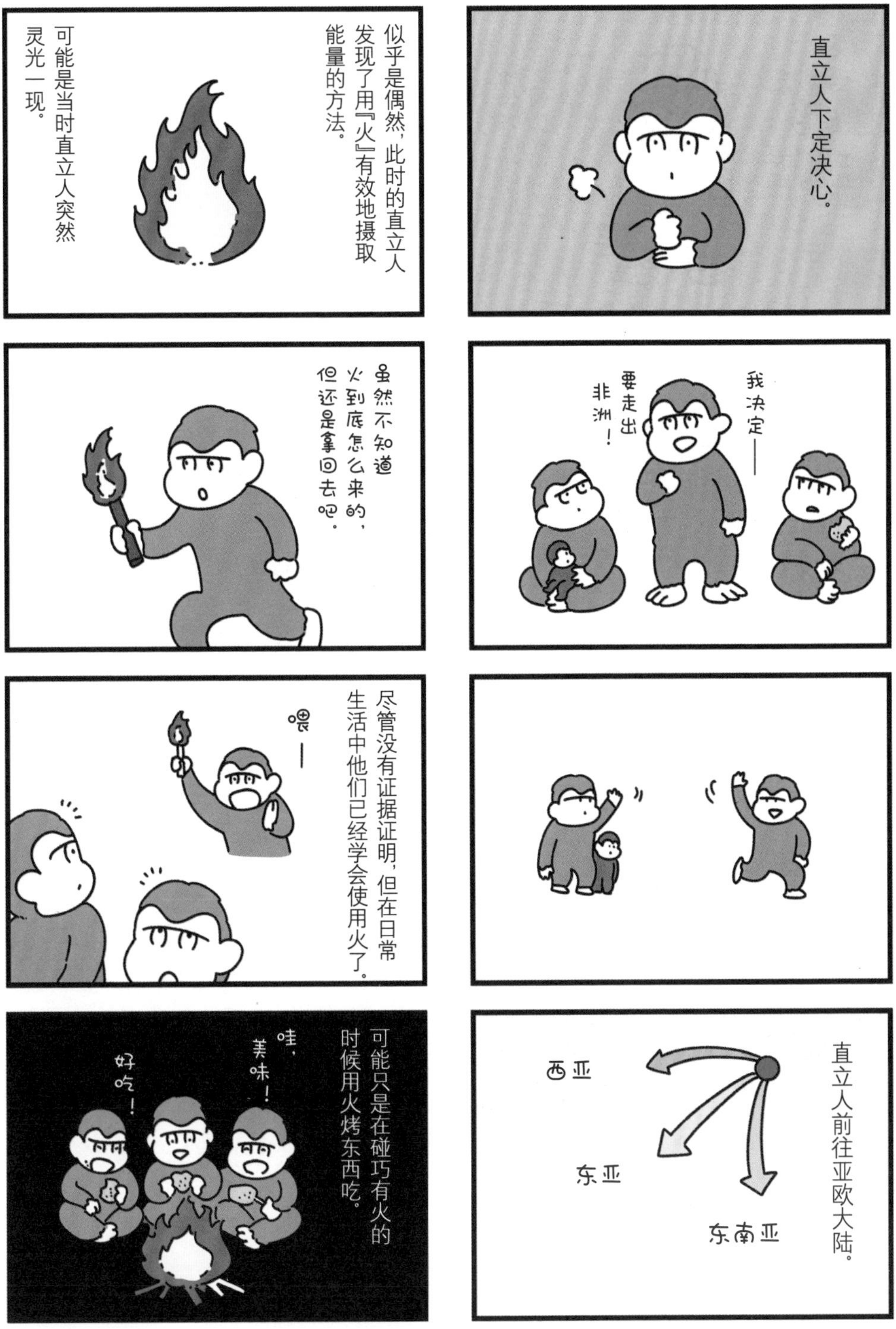
直立人下定决心。
我决定——
要走出非洲！
直立人前往亚欧大陆。
西亚
东亚
东南亚
似乎是偶然，此时的直立人发现了用『火』有效地摄取能量的方法。
可能是当时直立人突然灵光一现。
虽然不知道火到底怎么来的，但还是拿回去吧。
尽管没有证据证明，但在日常生活中他们已经学会使用火了。
喂——
可能只是在碰巧有火的时候用火烤东西吃。
哇，美味！
好吃！

这个时代，由于海平面下降，东南亚的岛屿所连接的陆地被发现。
太好了——
新陆地——
直立人来到了某座岛屿。
爪哇岛
JAVA 爪哇
位于印度尼西亚
哇……
和非洲长大的初期形态的直立人相比较，
脑容量
七百六十立方厘米
远渡亚欧大陆的后期形态的直立人的脑容量更大。
脑容量
九百三十立方厘米
晚期直立人
找到了路。

古人

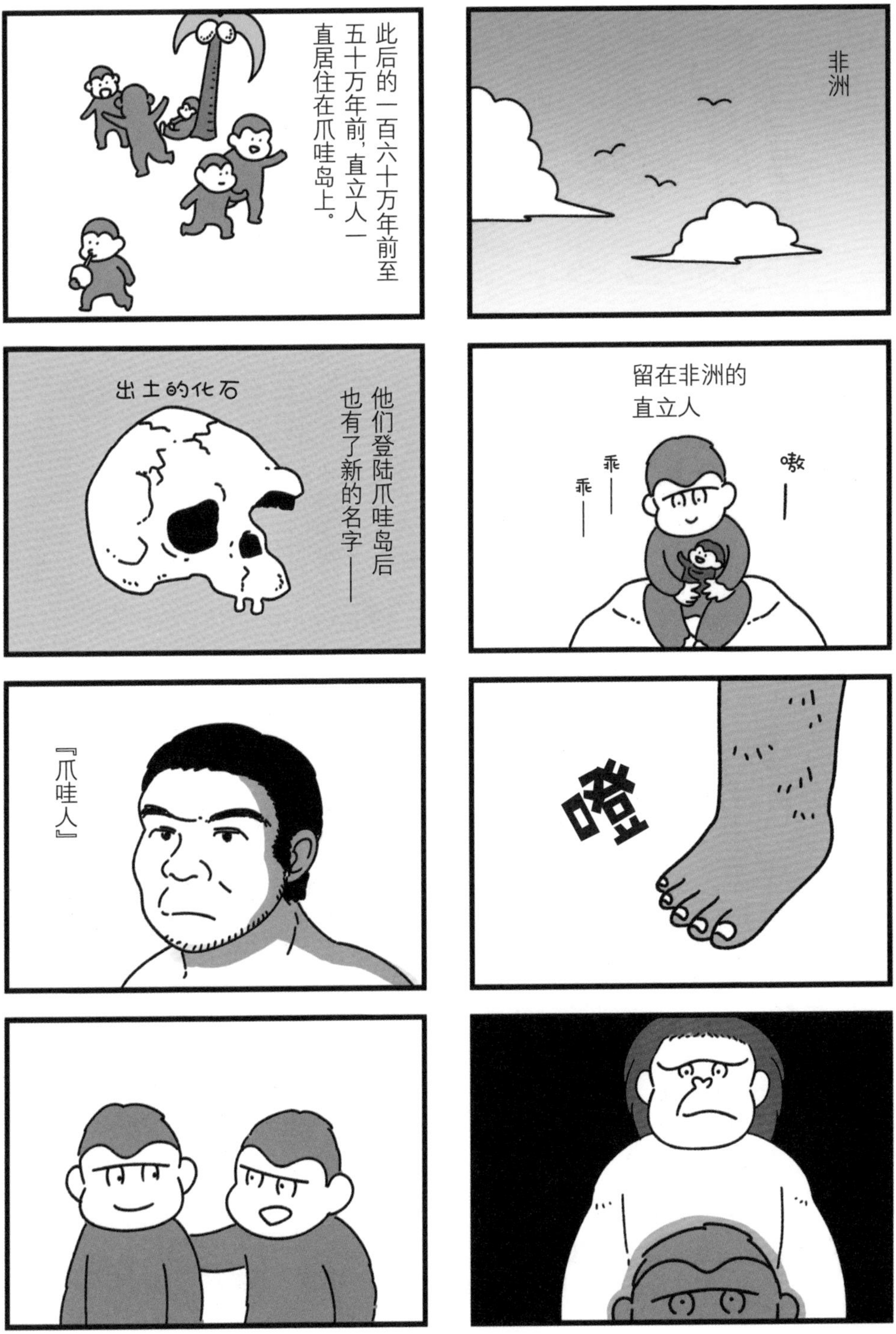
非洲
留在非洲的直立人
乖——
乖——
嗷——
噔
此后的一百六十万年前至五十万年前，直立人一直居住在爪哇岛上。
他们登陆爪哇岛后也有了新的名字——
出土的化石
『爪哇人』

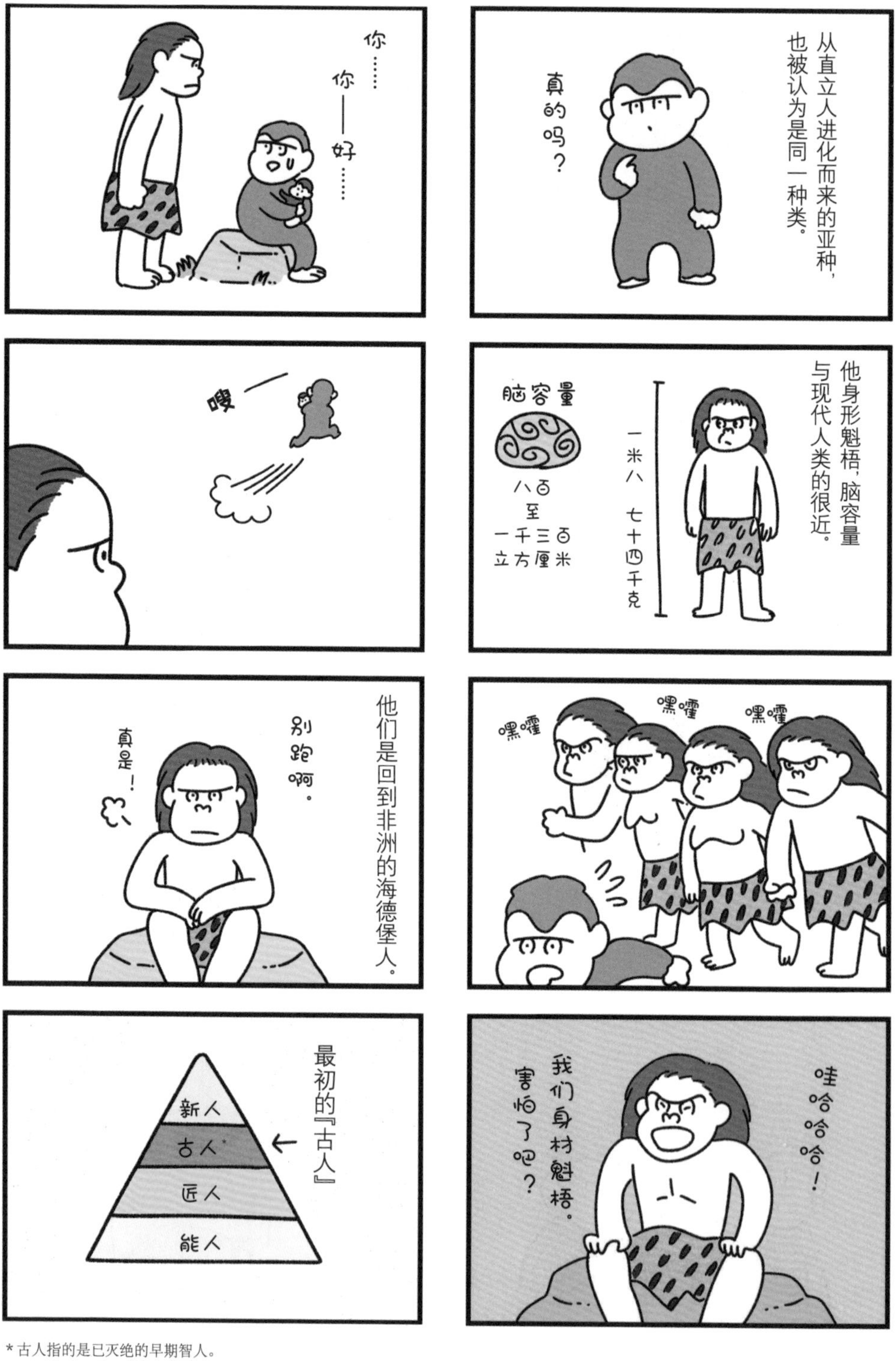

* 古人指的是已灭绝的早期智人。

今后称霸世界的……
可能是我们哟。
海德堡人也走出非洲、前往世界各地。
后来他们进化成为现代人类。
给，接力棒！
但是，不得不说，目前关于人类的祖先是谁，还在争论中。

请保佑我是尼安德特人和智人共同的祖先。

懈怠的家伙

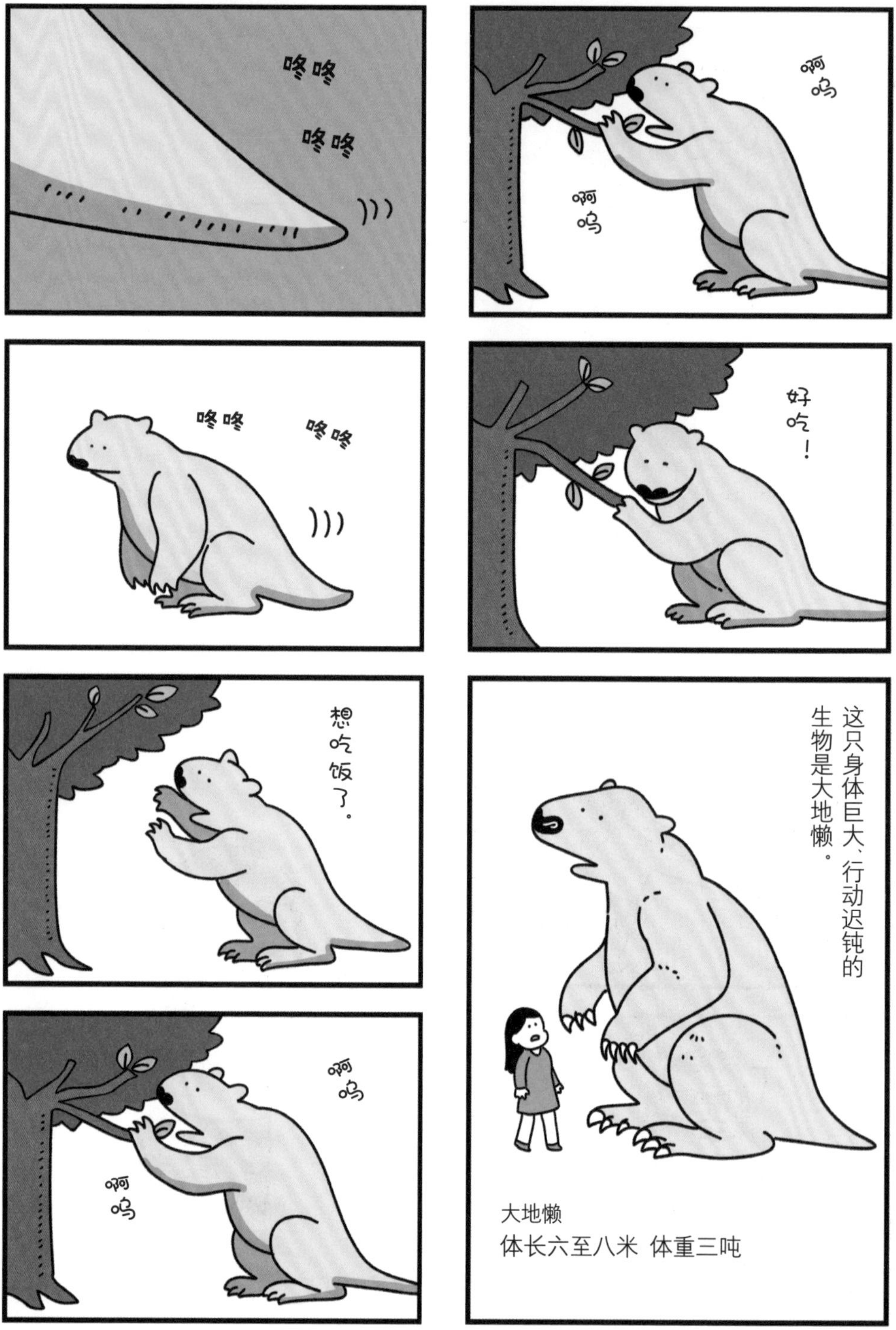
咚咚
咚咚
咚咚
咚咚
想吃饭了。
啊呜
啊呜
啊呜
啊呜
好吃！
这只身体巨大、行动迟钝的生物是大地懒。
大地懒
体长六至八米 体重三吨

在当时它们居住的南美洲，没有能与之匹敌的捕食者。
因此，大地懒虽然动作迟缓，也能够长得巨大。
现在的树懒已经变小缩在树上了。
但还是一如既往的懒惰。

犬VS.猫

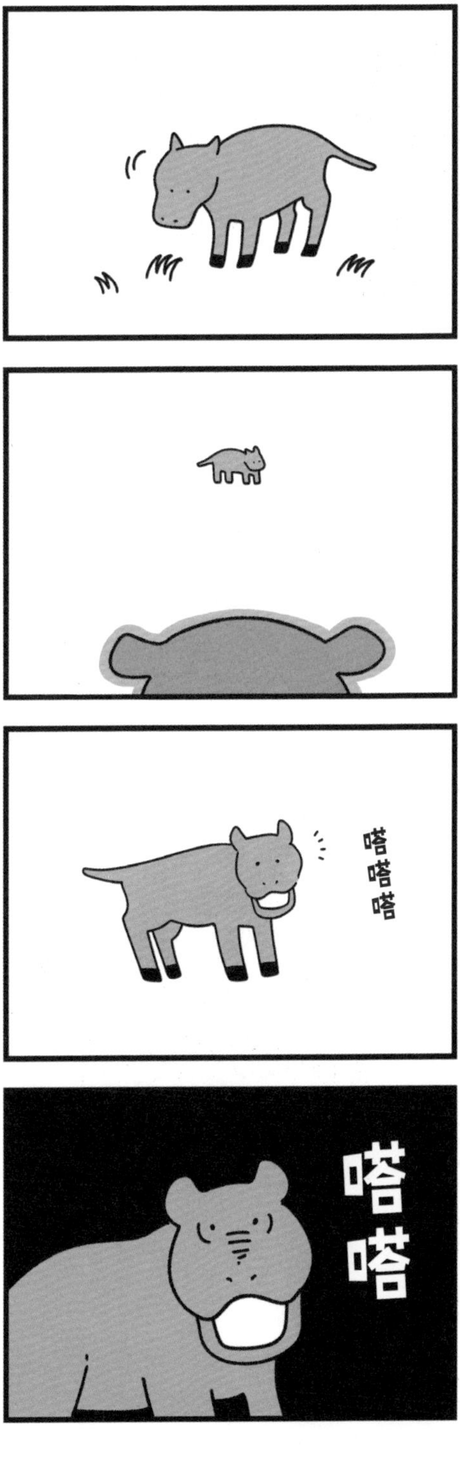

嗒嗒嗒
嗒嗒

啊—
咬
咬咬
咬
呼……
猫科
斯剑虎
没能全部吃完……
嗒嗒 嗒嗒
哇！
嗒 嗒嗒
咬
咬
咬
喂！
碰面连招呼都不知道打吗？

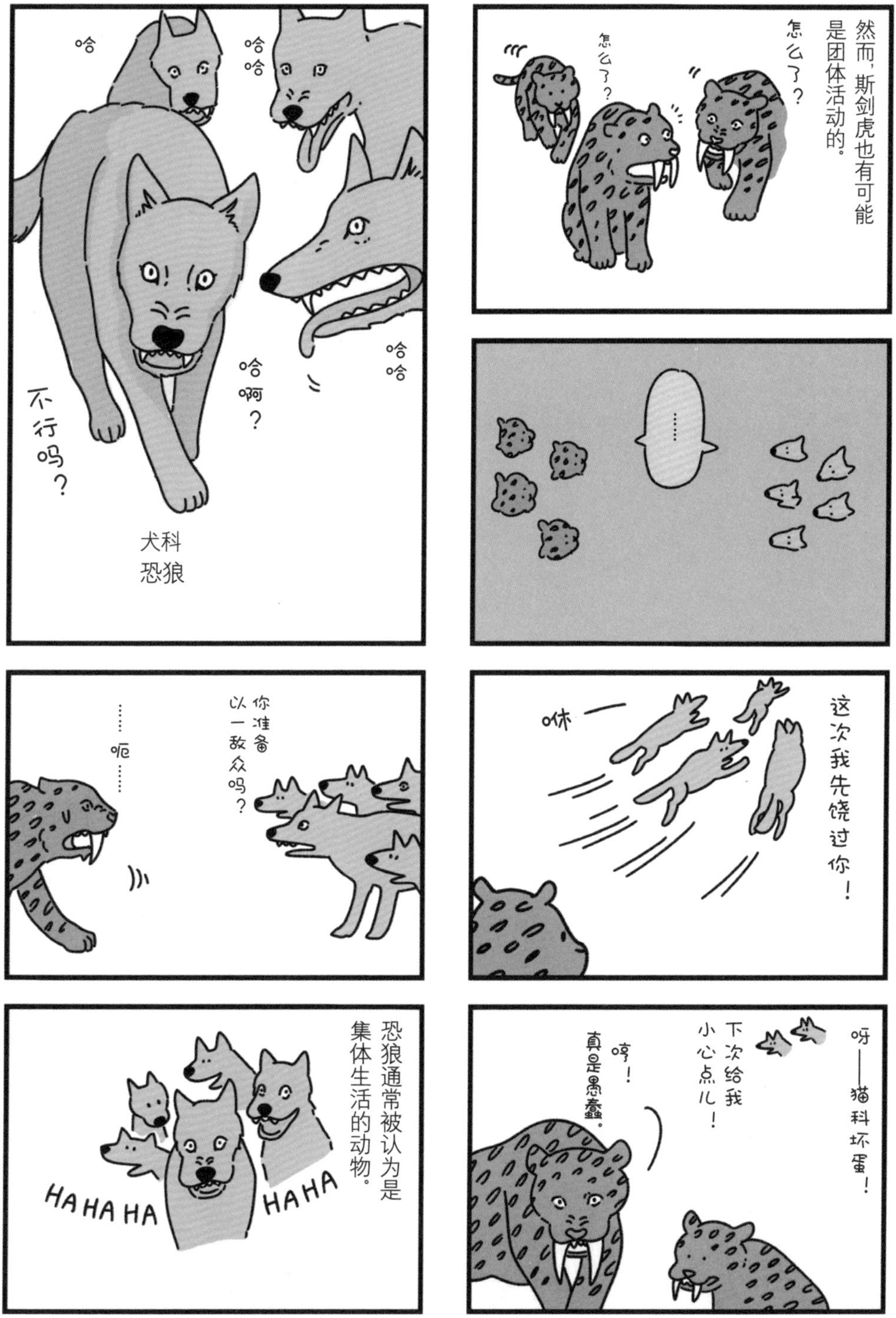

哈
哈哈
哈啊？
哈哈
不行吗？
犬科恐狼
……呃……
你准备以一敌众吗？
恐狼通常被认为是集体生活的动物。
HA HA HA
HA HA
然而，斯剑虎也有可能是团体活动的。
怎么了？
怎么了？
……
咻——
这次我先饶过你！
呀——猫科坏蛋！
下次给我小心点儿！
哼！
真是愚蠢。

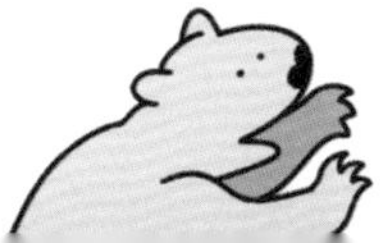

又矮又胖

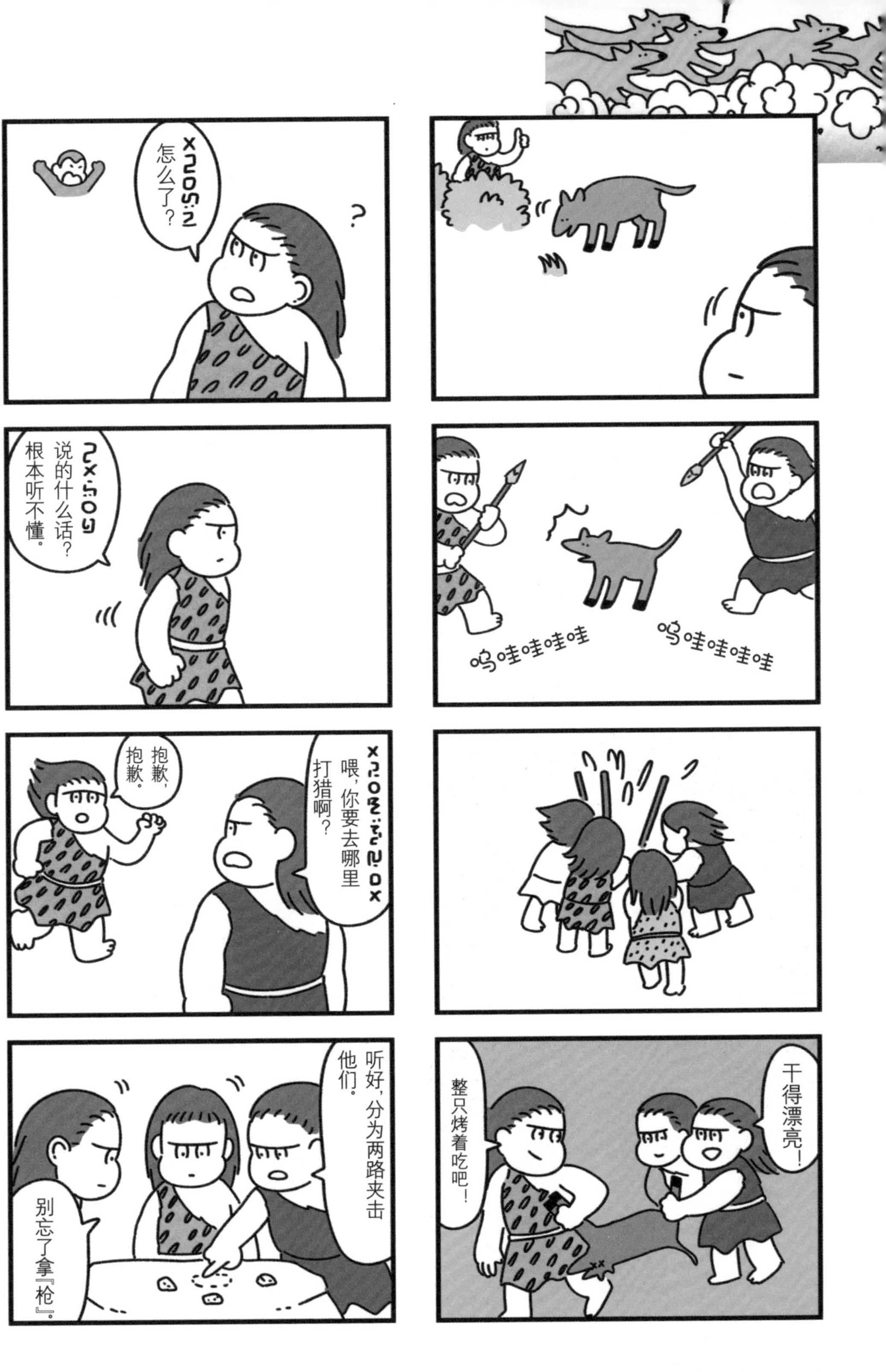

呜哇哇哇哇
呜哇哇哇哇
干得漂亮！
整只烤着吃吧！
怎么了？
说的什么话？根本听不懂。
喂，你要去哪里打猎啊？
抱歉，抱歉。
听好，分为两路夹击他们。
别忘了拿『枪』。

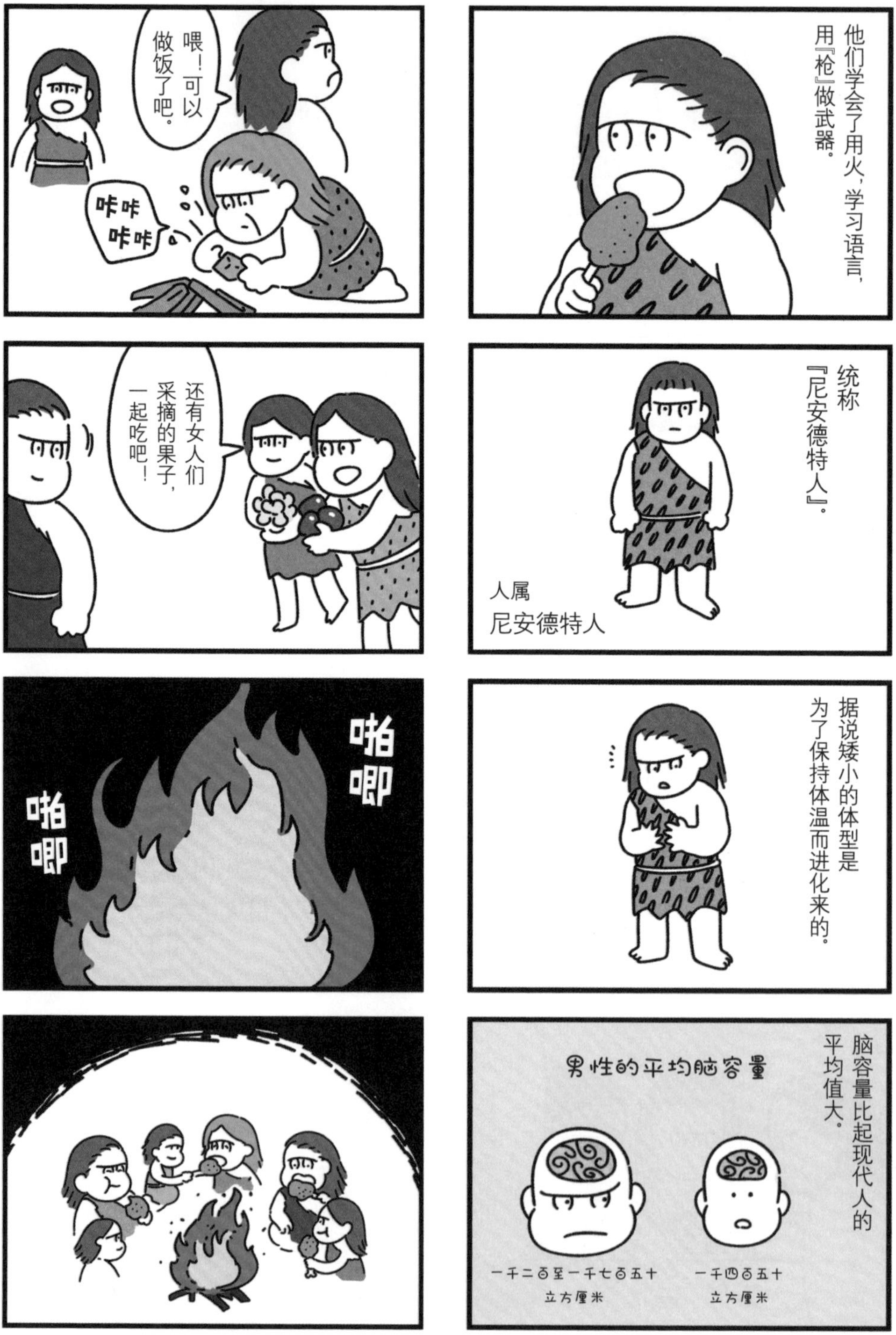
他们学会了用火，学习语言，用『枪』做武器。
统称『尼安德特人』。
人属
尼安德特人
据说矮小的体型是为了保持体温而进化来的。
脑容量比起现代人的平均值大。
男性的平均脑容量
一千二百至一千七百五十
立方厘米
一千四百五十
立方厘米
喂！可以做饭了吧。
咔咔
咔咔
还有女人们采摘的果子，一起吃吧！
啪唧
啪唧
啪唧
啪唧

食物

大脑是需要很高的消耗的。
想拥有我们吗？
但是，这是有条件的。
只要能让脑容量变大，我什么都愿意做。
是你说的！什么都可以！
那么就把你一天吸收的能量的……
百分之二十给我吧！
给你……
百分之二十？！
怎么样？好吃吧？
好吃！
他说好吃，哈哈哈。
大概曾这样一起享用美餐。
直到只剩下最后一个人的瞬间。

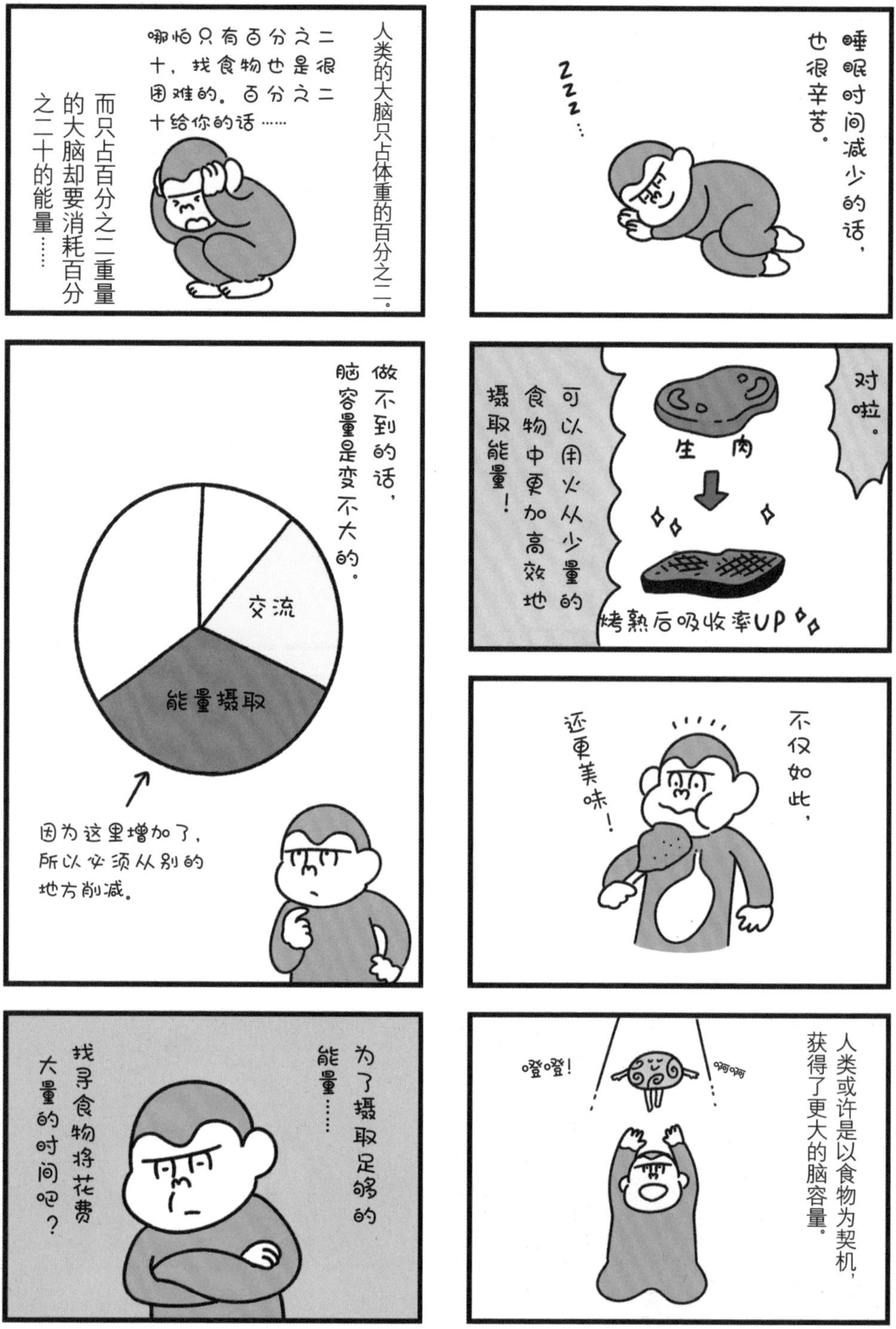
人类的大脑只占体重的百分之二。
哪怕只有百分之二十，找食物也是很困难的。百分之二十给你的话……
而只占百分之二重量的大脑却要消耗百分之二十的能量……
做不到的话，脑容量是变不大的。
交流
能量摄取
因为这里增加了，所以必须从别的地方削减。
为了摄取足够的能量……
找寻食物将花费大量的时间吧？
睡眠时间减少的话，也很辛苦。
Zzz…
对啦。
生肉
烤熟后吸收率UP
可以用火从少量的食物中更加高效地摄取能量！
不仅如此，
还更美味！
人类或许是以食物为契机，获得了更大的脑容量。
噔噔！
啊啊

霍比特人

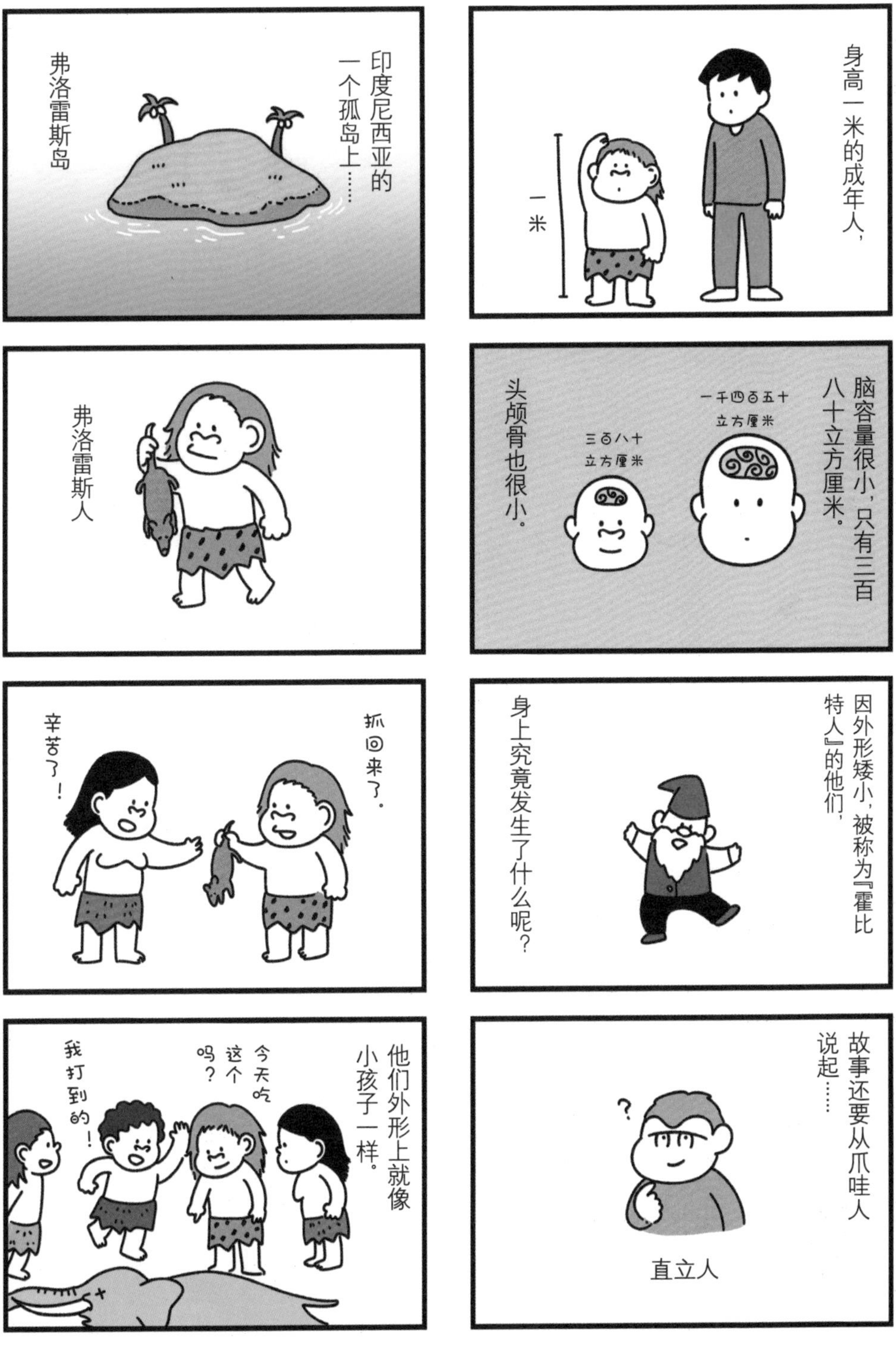
印度尼西亚的一个孤岛上……
弗洛雷斯岛
弗洛雷斯人
抓回来了。
辛苦了！
他们外形上就像小孩子一样。
今天吃这个吗？
我打到的！
身高一米的成年人，
一米
脑容量很小，只有三百八十立方厘米。
一千四百五十立方厘米
三百八十立方厘米
头颅骨也很小。
因外形矮小，被称为『霍比特人』的他们，
身上究竟发生了什么呢？
故事还要从爪哇人说起……
？
直立人

某一天，住在爪哇的直立人登上了弗洛雷斯岛。
由于是孤岛，难以从外界获得食物。
身形越大，需要的能量也越多。
咕噜咕噜
嗝
同类中身形较小的个体，只需要摄入较少的能量便能够生存、繁衍下去了。
这便是『优胜劣汰』。
另一方面，在这里小动物们没有天敌，
即使体型变大……
也没关系。
不再需要为了隐藏自己而保持矮小，于是，动物的身体变大了。
这种现象叫作『岛屿化』。
别名：
福斯特法则
住在弗洛雷斯岛上的老鼠身形越来越大，大象则越变越小。
因此，有人猜测直立人的身体也可能是由于这个原因而变小的。
真小啊。
不怪我哦！

智人

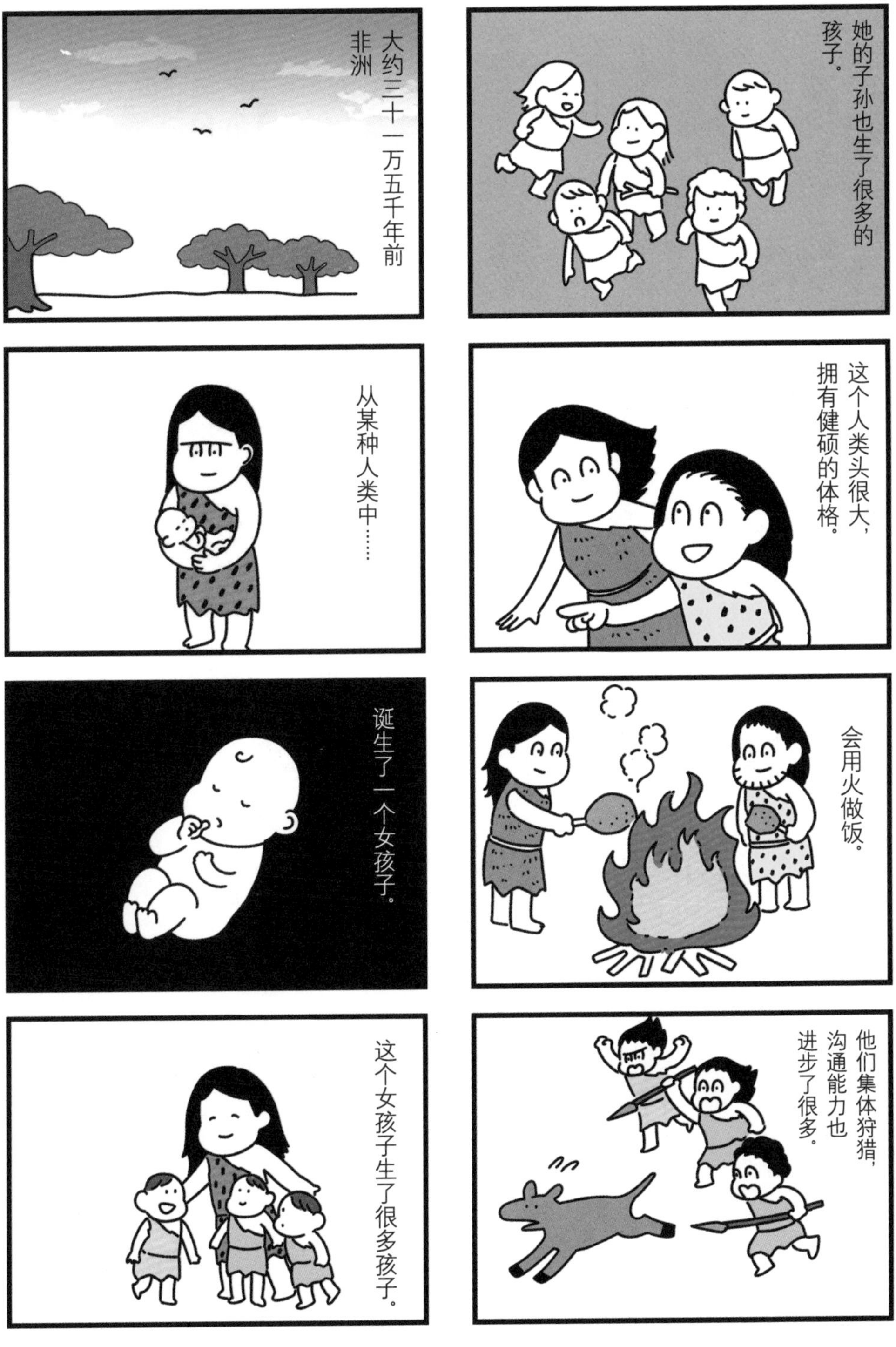

大约三十一万五千年前
非洲
从某种人类中……
诞生了一个女孩子。
这个女孩子生了很多孩子。
她的子孙也生了很多的孩子。
这个人类头很大，拥有健硕的体格。
会用火做饭。
他们集体狩猎，沟通能力也进步了很多。

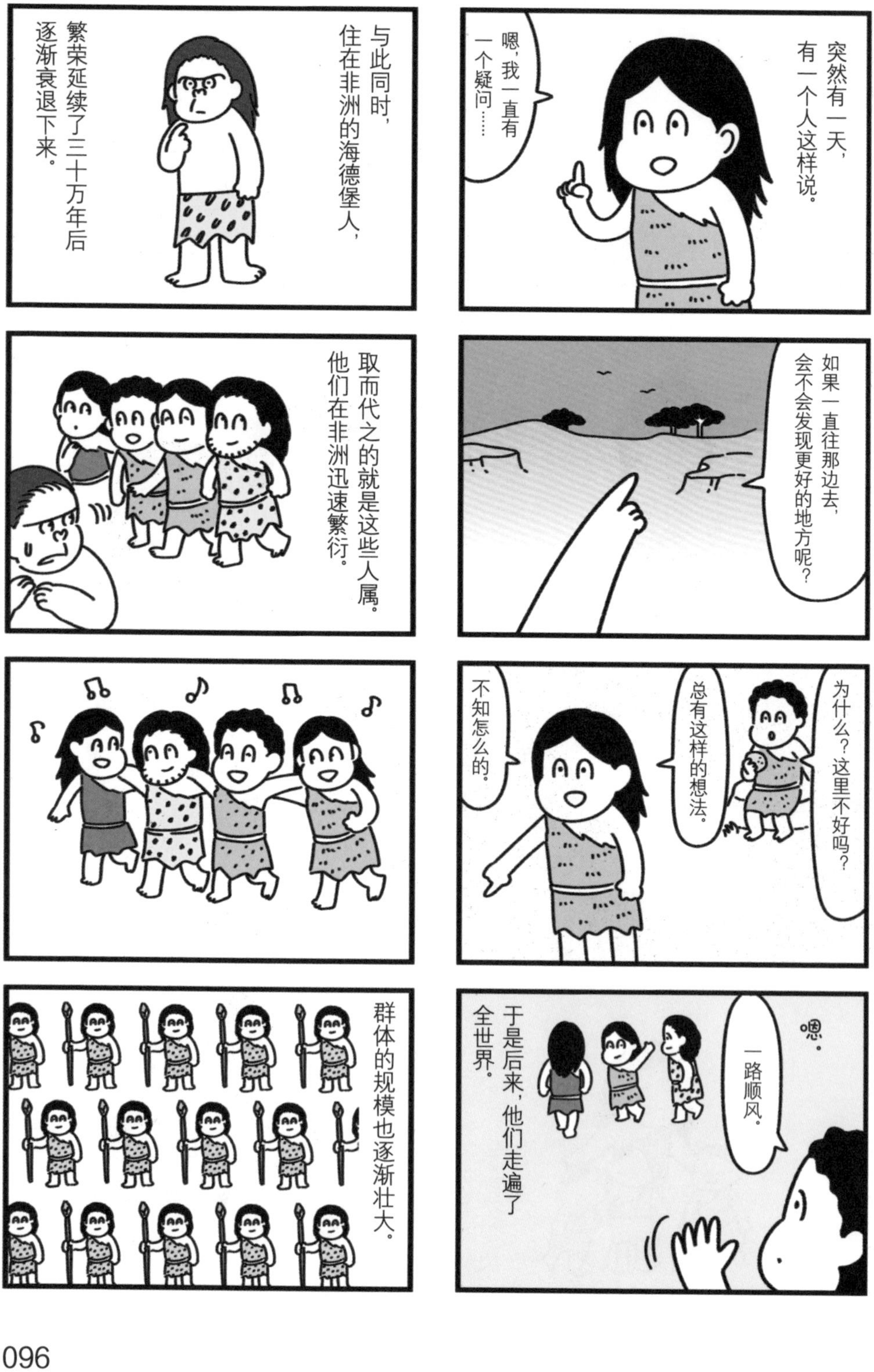
与此同时，
住在非洲的海德堡人，
繁荣延续了三十万年后
逐渐衰退下来。
取而代之的就是这些人属。
他们在非洲迅速繁衍。
群体的规模也逐渐壮大。
突然有一天，
有一个人这样说。
嗯，我一直有
一个疑问……
如果一直往那边去，
会不会发现更好的地方呢？
为什么？这里不好吗？
总有这样的想法。
不知怎么的。
嗯。
一路顺风。
于是后来，他们走遍了
全世界。

以『智人』的身份……

东南亚

在生存竞争中败北的直立人逐渐衰退。
后来，智人到达了俄罗斯。
好冷好冷！
快找个洞穴。
我们分开找吧。
喔，
真冷啊！
那里有个从没见过的人！
哈？
那有什么关系。
去看看。
关于智人的这段旅程，还存在诸多不明之处。
人类到达亚洲后逐渐扩散开。
亚洲

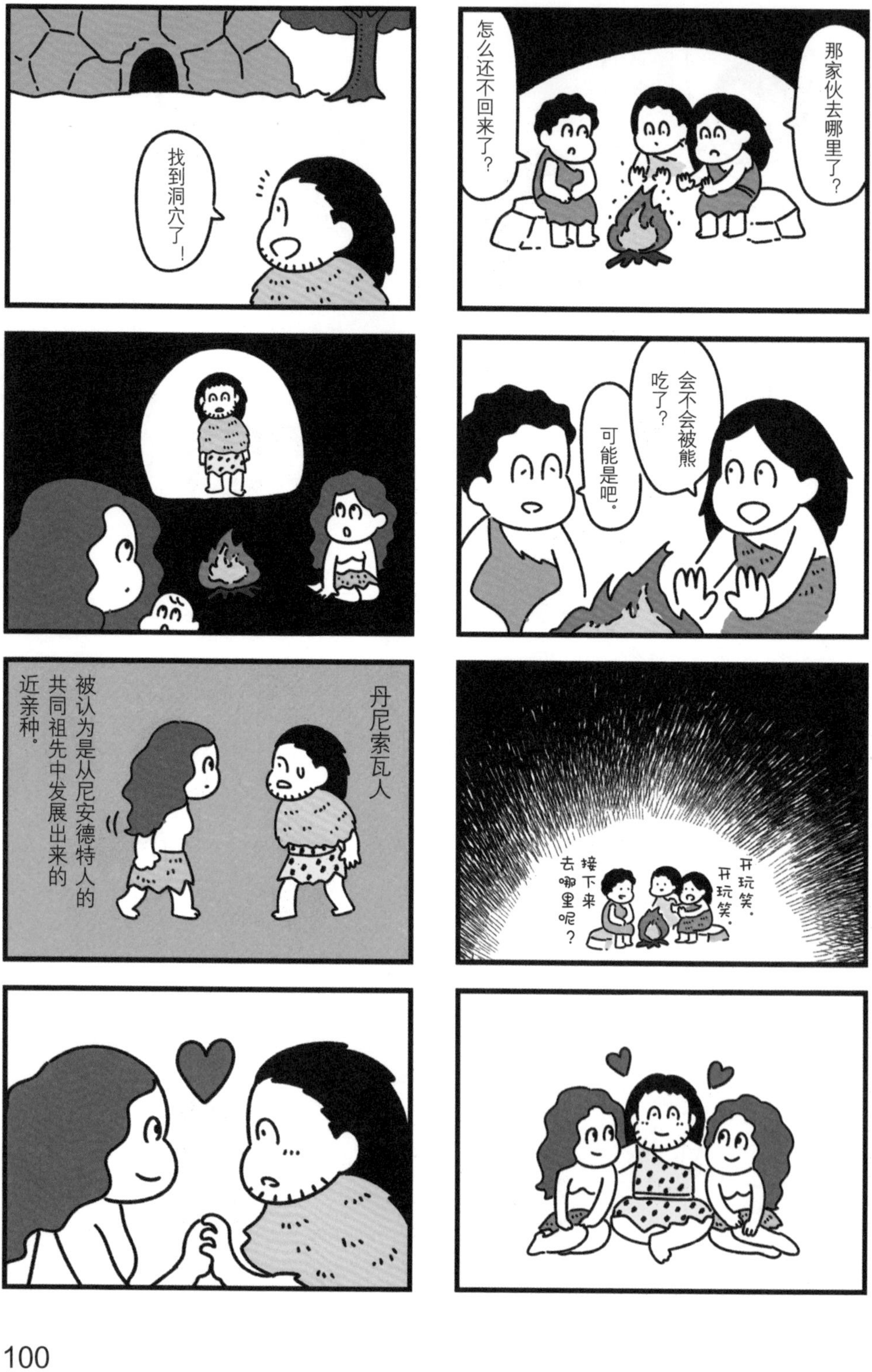

找到洞穴了！
丹尼索瓦人
被认为是从尼安德特人的共同祖先中发展出来的近亲种。
那家伙去哪里了？
怎么还不回来了？
会不会被熊吃了？
可能是吧。
开玩笑。
开玩笑。
接下来去哪里呢？

欧洲

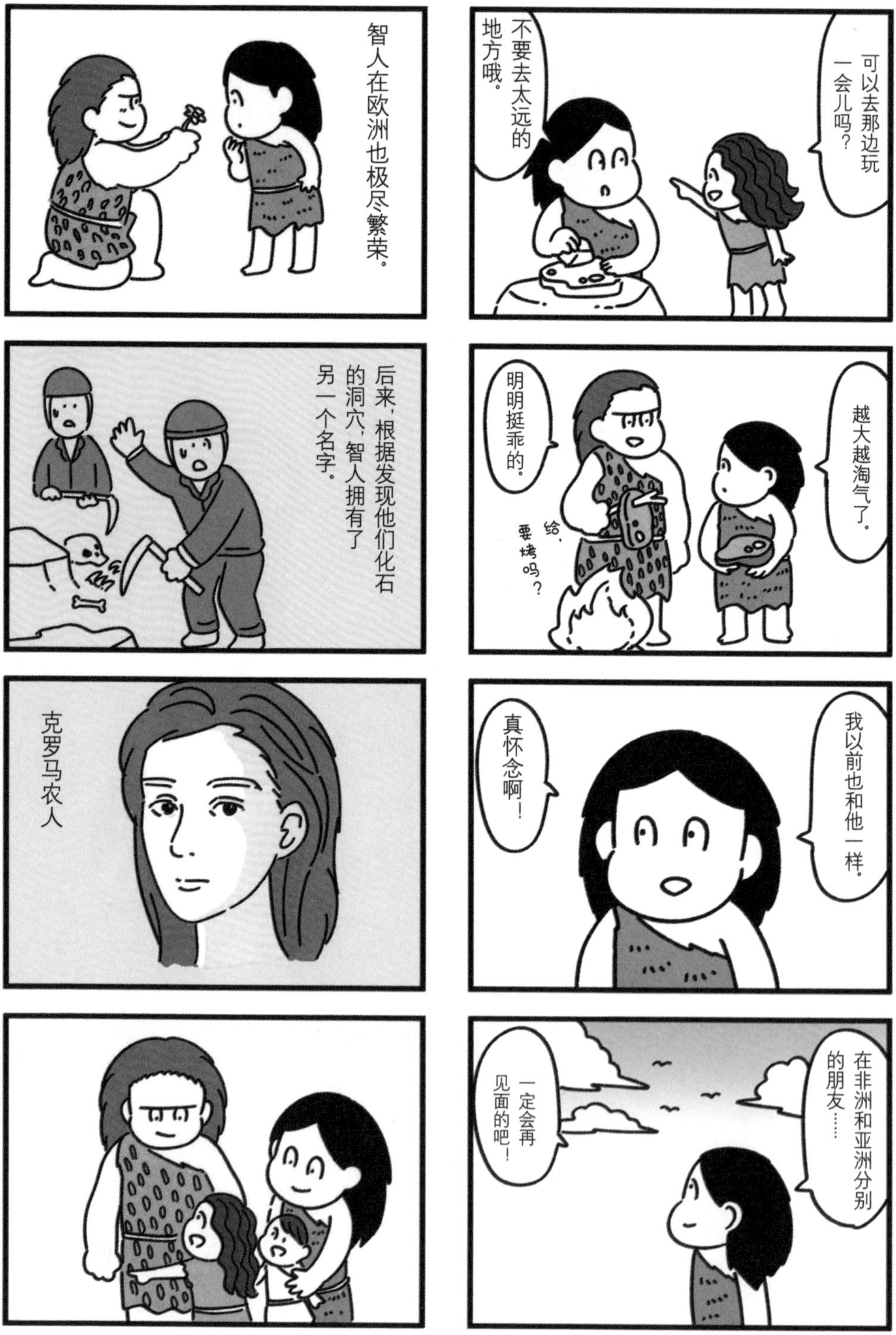
可以去那边玩一会儿吗？
不要去太远的地方哦。
越大越淘气了。
明明挺乖的。
给，要烤吗？
我以前也和他一样。
真怀念啊！
在非洲和亚洲分别的朋友……
一定会再见面的吧！
智人在欧洲也极尽繁荣。
后来，根据发现他们化石的洞穴，智人拥有了另一个名字。
克罗马农人

嗒
嗒
呼
完成啦！

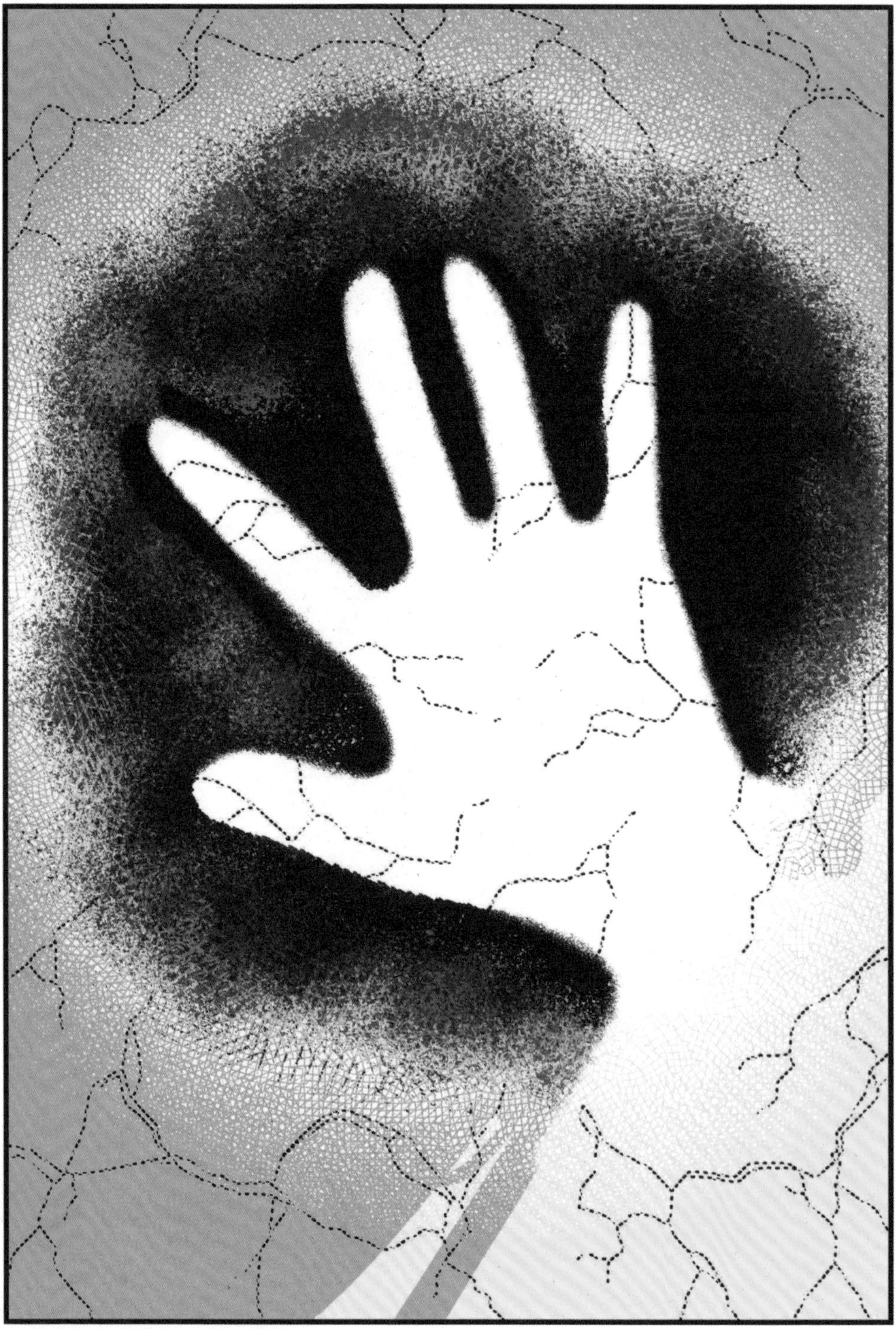

法国南部肖维岩洞的洞穴壁画(三万七千年前)

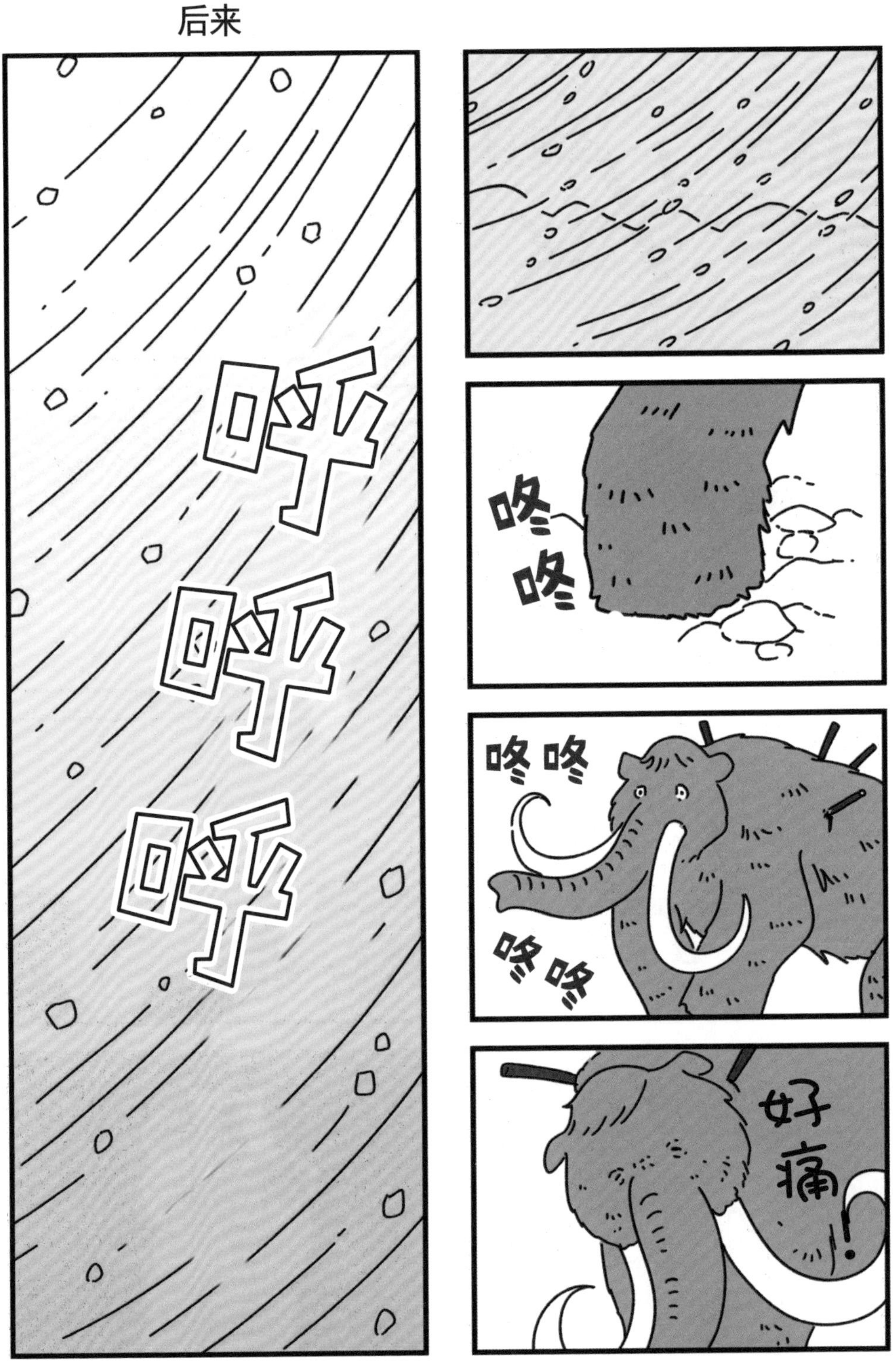
后来
呼呼呼
咚咚
咚咚
咚咚
咚咚
好痛！

咻 咻
哇啊！
哈
哈
哈

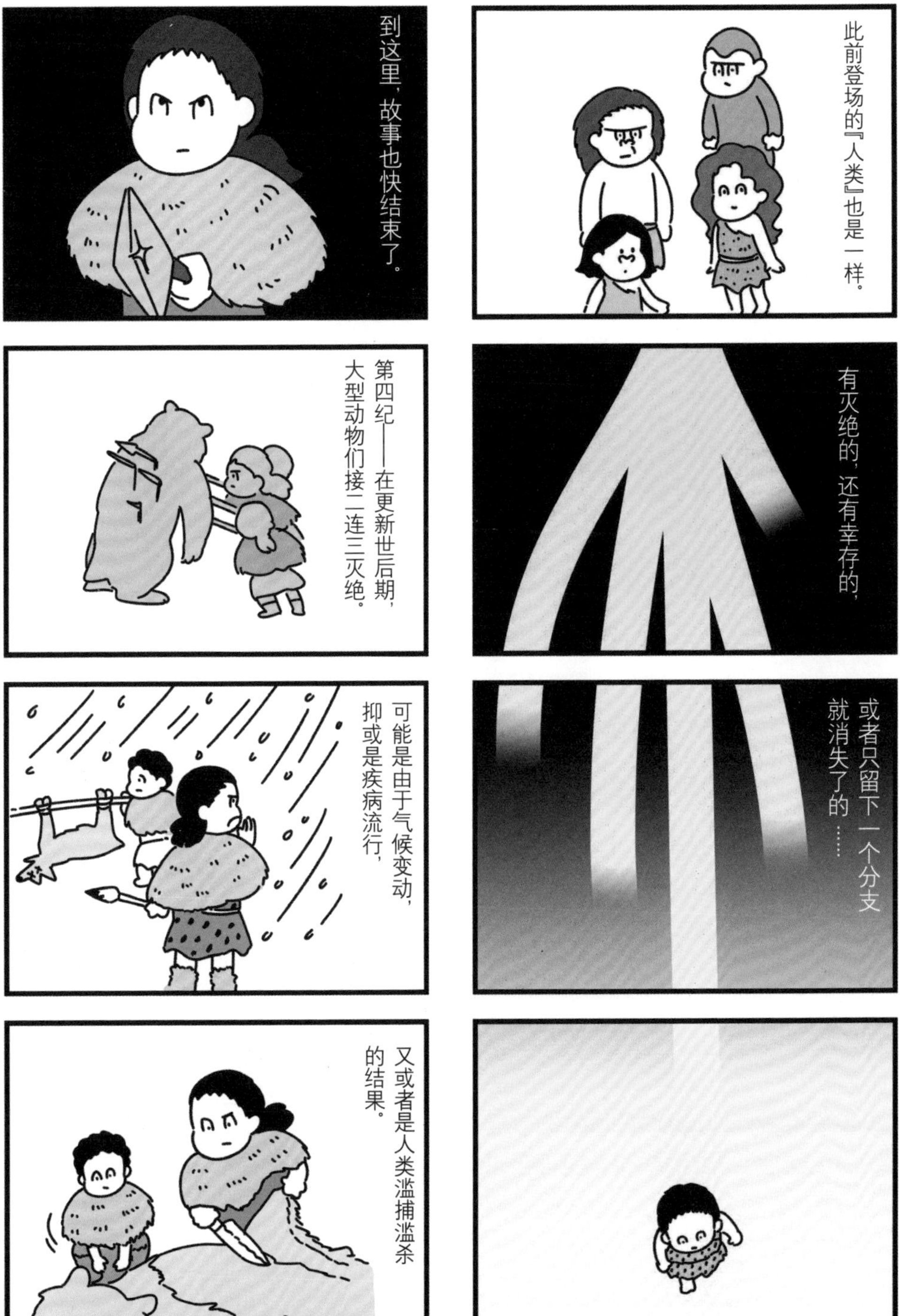
到这里，故事也快结束了。
第四纪——在更新世后期，
大型动物们接二连三灭绝。
可能是由于气候变动，
抑或是疾病流行，
又或者是人类滥捕滥杀的结果。
此前登场的『人类』也是一样。
有灭绝的，还有幸存的，
或者只留下一个分支
就消失了的……

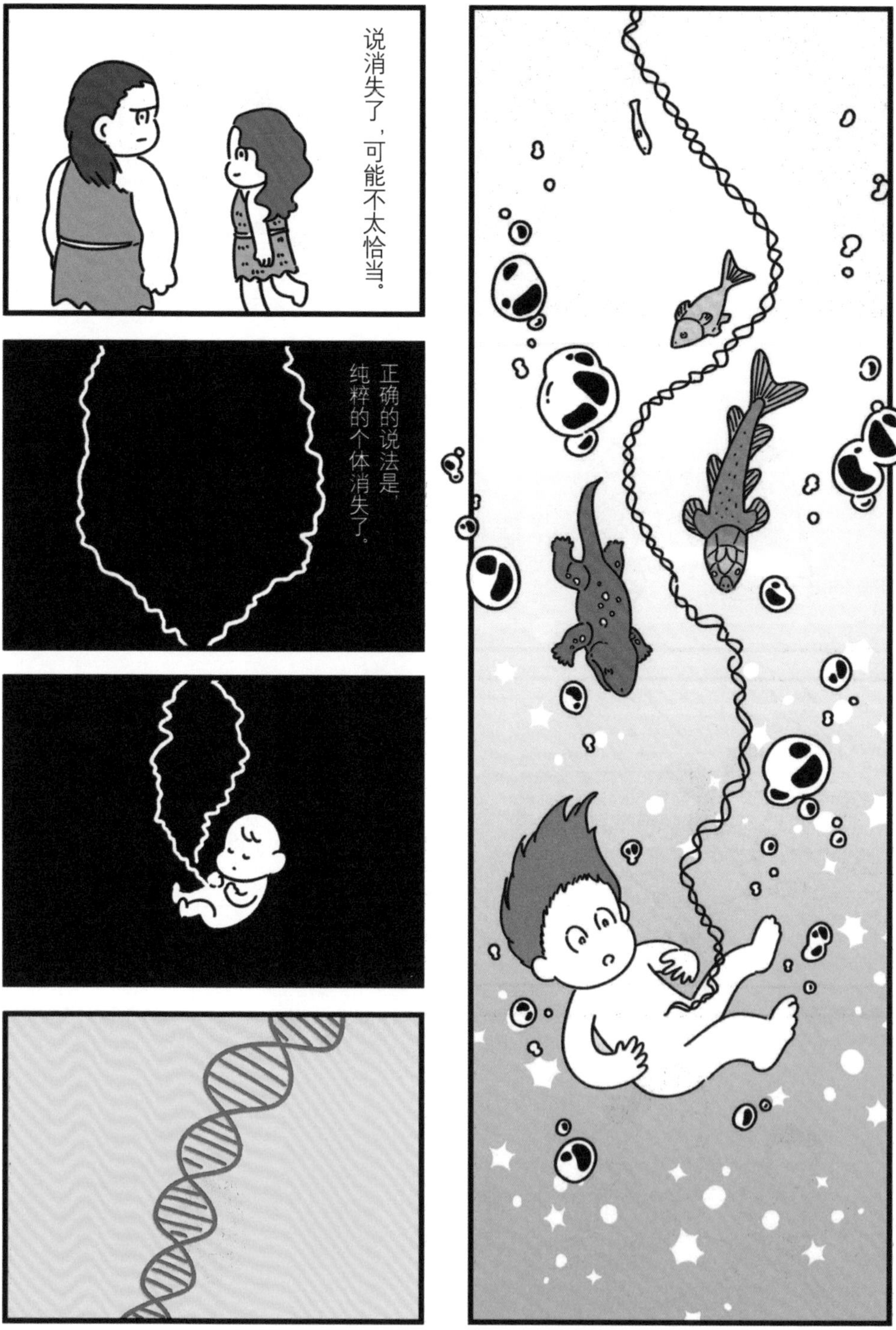
说消失了，可能不太恰当。
正确的说法是，
纯粹的个体消失了。

多样化的人类

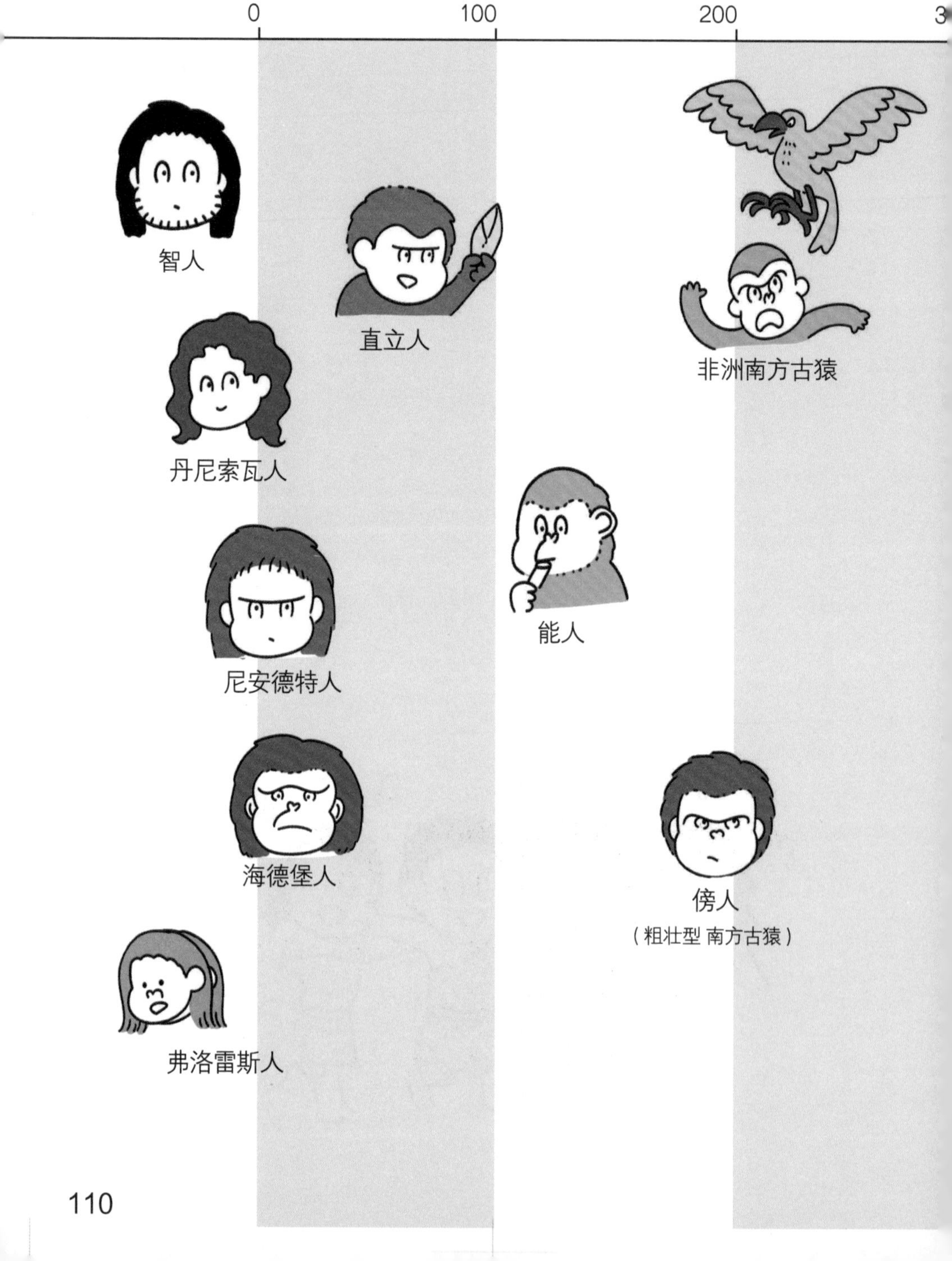
0
100
200
3
智人
直立人
非洲南方古猿
丹尼索瓦人
能人
尼安德特人
海德堡人
傍人
（粗壮型 南方古猿）
弗洛雷斯人

除此之外,人类还有许多其他的分支。
除了智人以外,全部灭绝了。
但根据最近的研究发现,人类可能并不单纯只是智人。

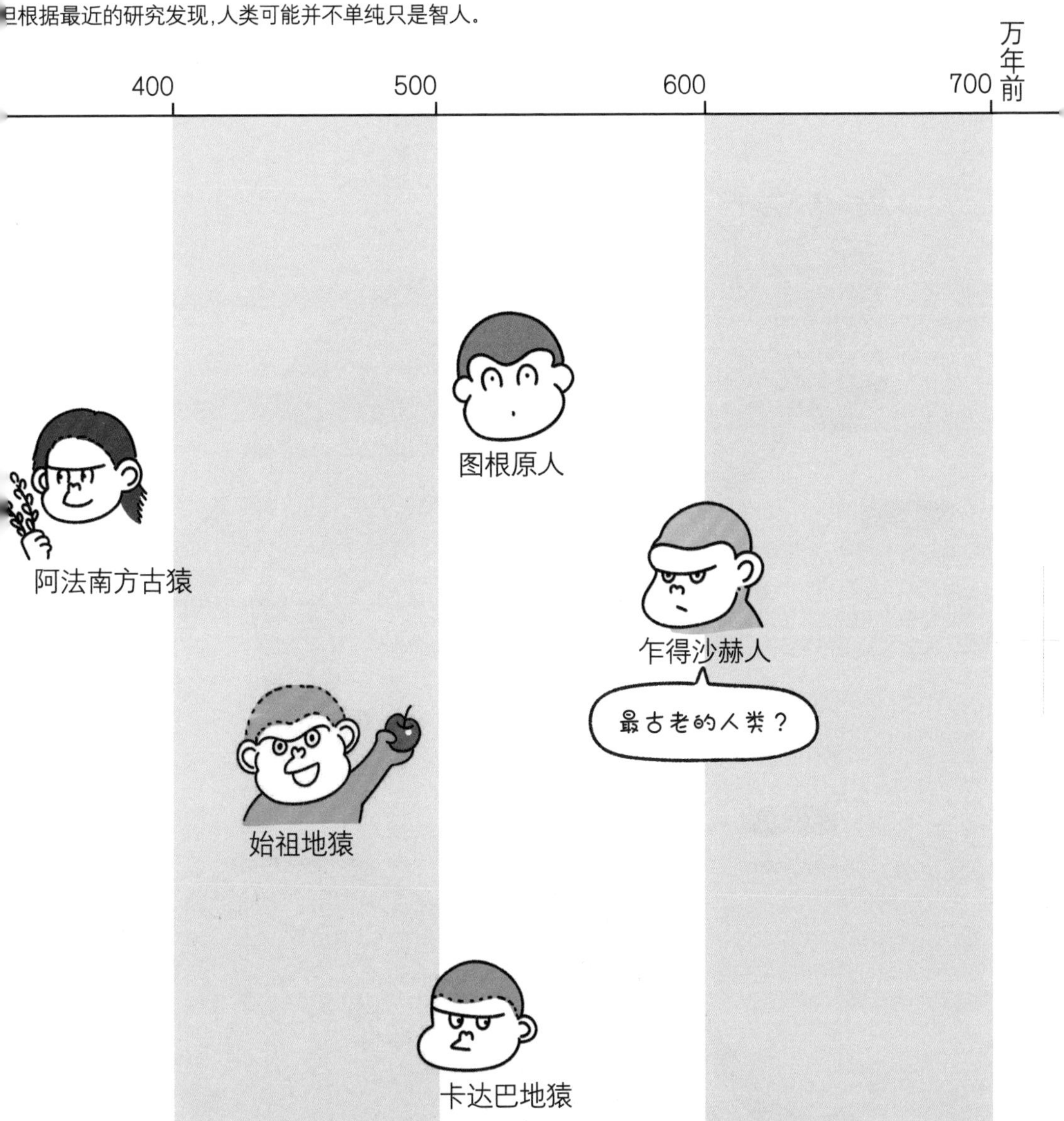

万年前
400
500
600
700
图根原人
阿法南方古猿
乍得沙赫人
最古老的人类？
始祖地猿
卡达巴地猿

人类的朋友

猫和狗都是人类最喜爱的动物。
有时承担着工作，有时被奉为神明，有时又被当作宠物对待。
受到人类喜爱的同时，它们也有很多烦恼。
这是它们从前的样子。

犬科
恐狼

猫科
斯剑虎

树懒

别名：大树懒

大地懒科

大地懒

大地懒虽然和现在的树懒很像，但仍有区别。
身形巨大。体长六米，体重三至六吨。
尽管如此，因为不擅于咀嚼硬的东西，所以是叶食性动物。

现在的树懒

各种各样的大象

最古老的长鼻目

旧兽属

全貌未知。

磷灰兽属

体长六十厘米的小型动物。
而且鼻子很短，
像犀牛一样。

渐新象

长着铲子般的长鼻子。

铲齿象

比渐新象的鼻子更长，
铲状特征更加明显。

恐象

从腭长出两根牙齿。
据说是为了更好地剥开树皮。

终于，“猛犸象”诞生！

为适应冰河期，猛犸象长出“长毛”和“小耳朵”。
正如非洲象的大耳朵是为了更好地散热，
猛犸象为了更好地抵御寒冷而进化出“小耳朵”和“长毛”。

象科
长毛猛犸象

非洲象

尾声

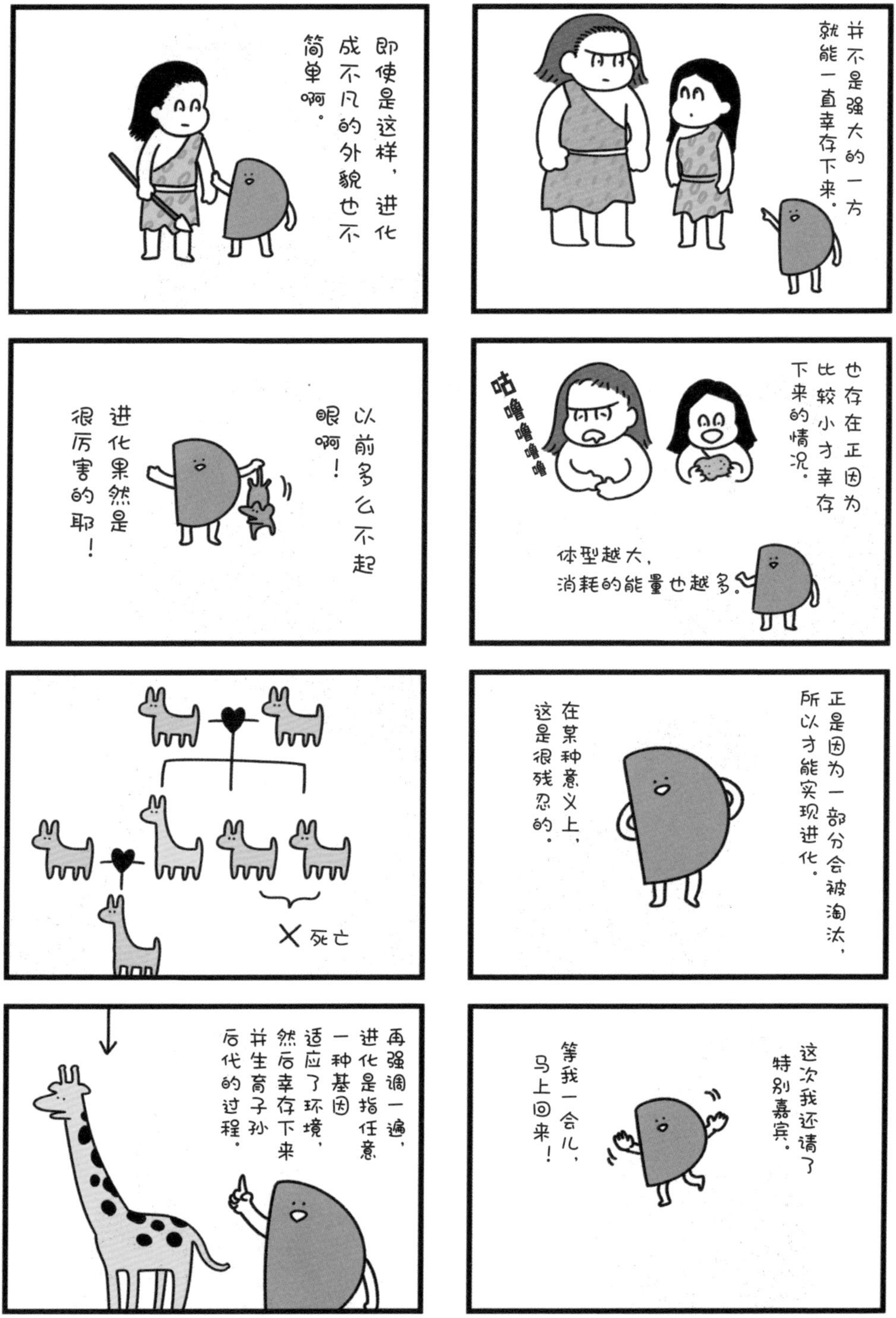

并不是强大的一方就能一直幸存下来。
咕噜噜噜噜
也存在正因为比较小才幸存下来的情况。
体型越大，消耗的能量也越多。
正是因为一部分会被淘汰，所以才能实现进化。
在某种意义上，这是很残忍的。
这次我还请了特别嘉宾。
等我一会儿，马上回来！
即使是这样，进化成不凡的外貌也不简单啊。
以前多么不起眼啊！
进化果然是很厉害的耶！
死亡
再强调一遍，进化是指任意一种基因适应了环境，然后幸存下来并生育子孙后代的过程。

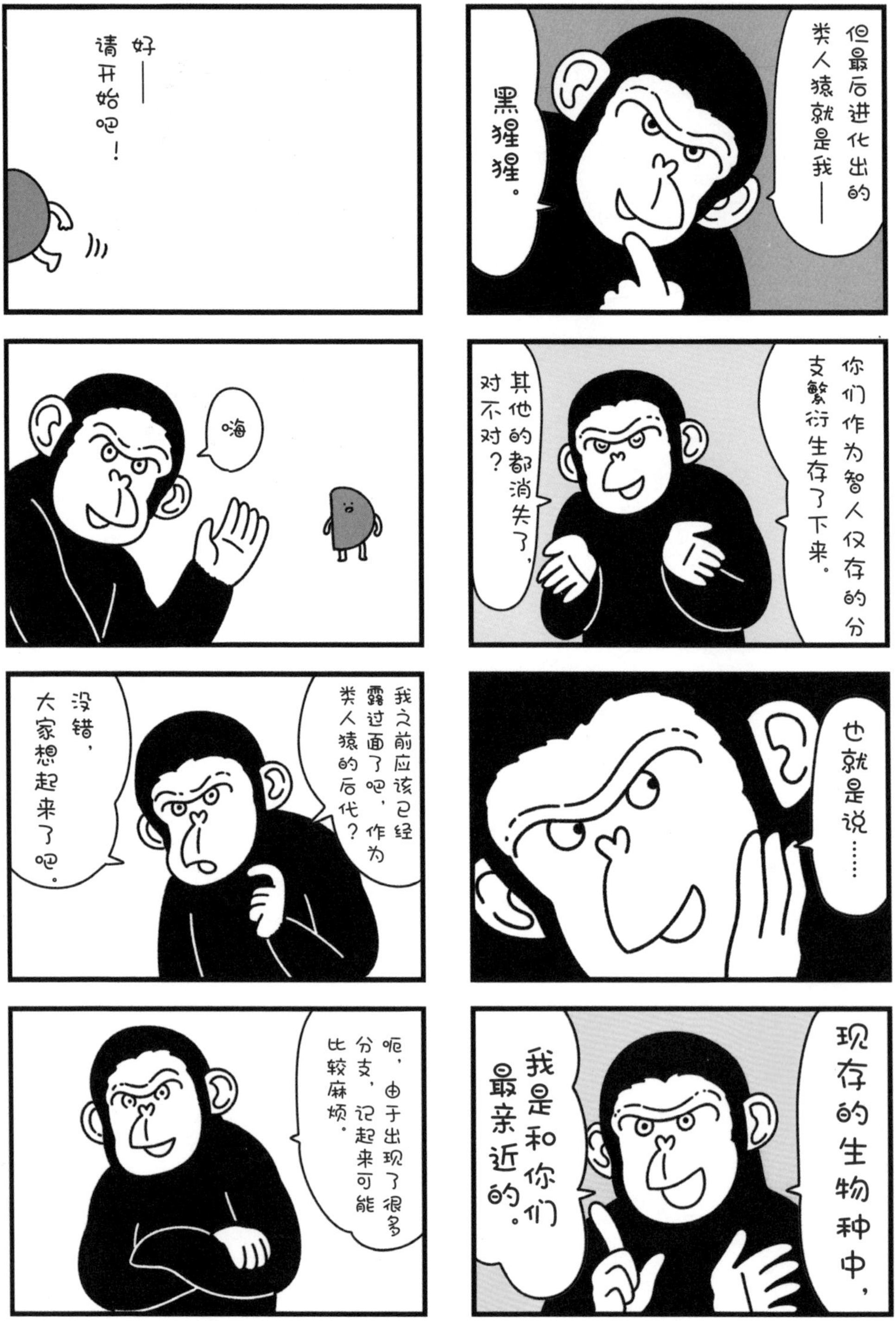

好——
请开始吧！
嗨
我之前应该已经露过面了吧，作为类人猿的后代？
没错，大家想起来了吧。
呃，由于出现了很多分支，记起来可能比较麻烦。
但最后进化出的类人猿就是我——
黑猩猩。
你们作为智人仅存的分支繁衍生存了下来。
其他的都消失了，对不对？
也就是说……
现存的生物种中，
我是和你们最亲近的。

那么，对于这个事实、
你们人类是怎么看的呢？
啊，快到结束的时间了。
虽然很遗憾……
拜拜！
兄弟。
动 物 园

番外篇

请回答！真核生物

这些故事与正文的内容无关，是由几乎没有出场的真核生物担任主角的四格漫画。

※该漫画在《周刊少年杂志》上连载。

线粒体·夏娃

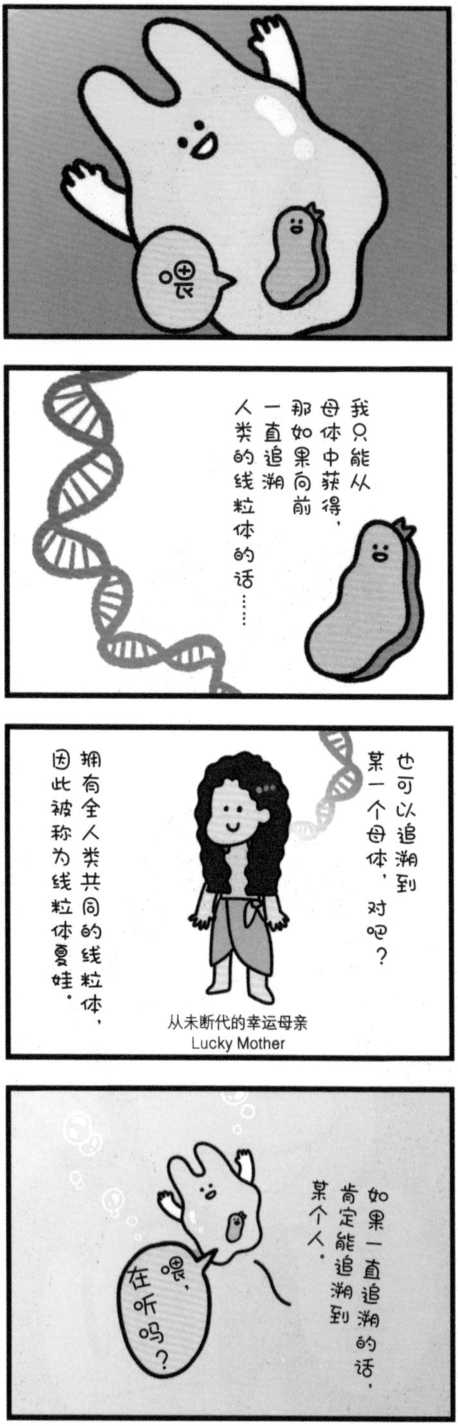
喂
我只能从母体中获得，
那如果向前一直追溯人类的线粒体的话……
也可以追溯到某一个母体，对吧？
拥有全人类共同的线粒体，因此被称为线粒体夏娃。
从未断代的幸运母亲
Lucky Mother
如果一直追溯的话，肯定能追溯到某个人。
喂，在听吗？

巨大的昆虫

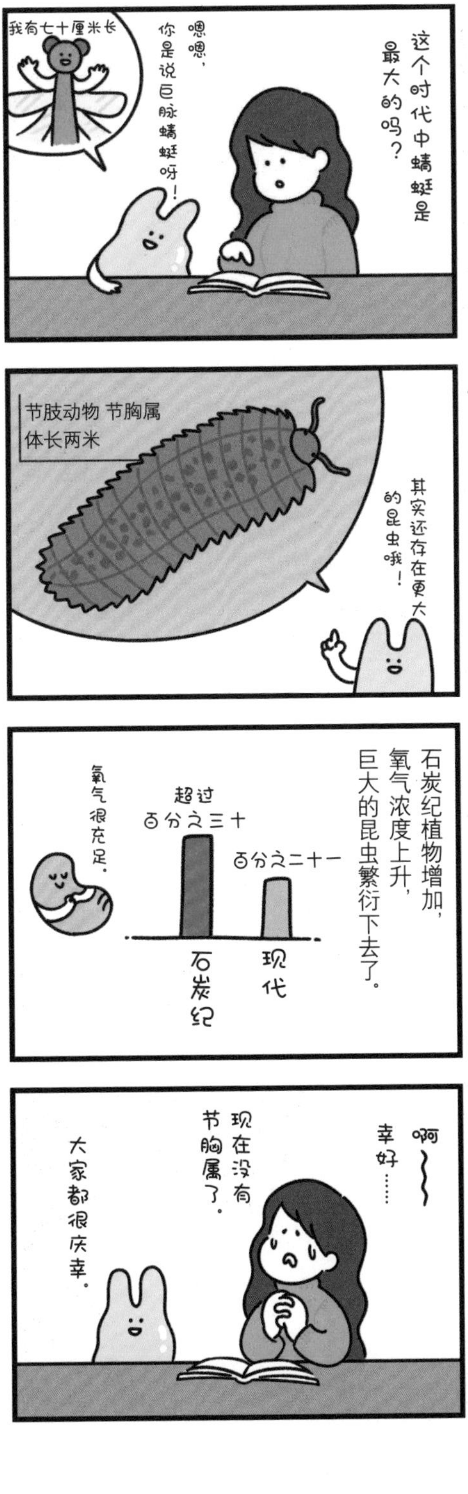

压倒性的强者

最古老的真核生物

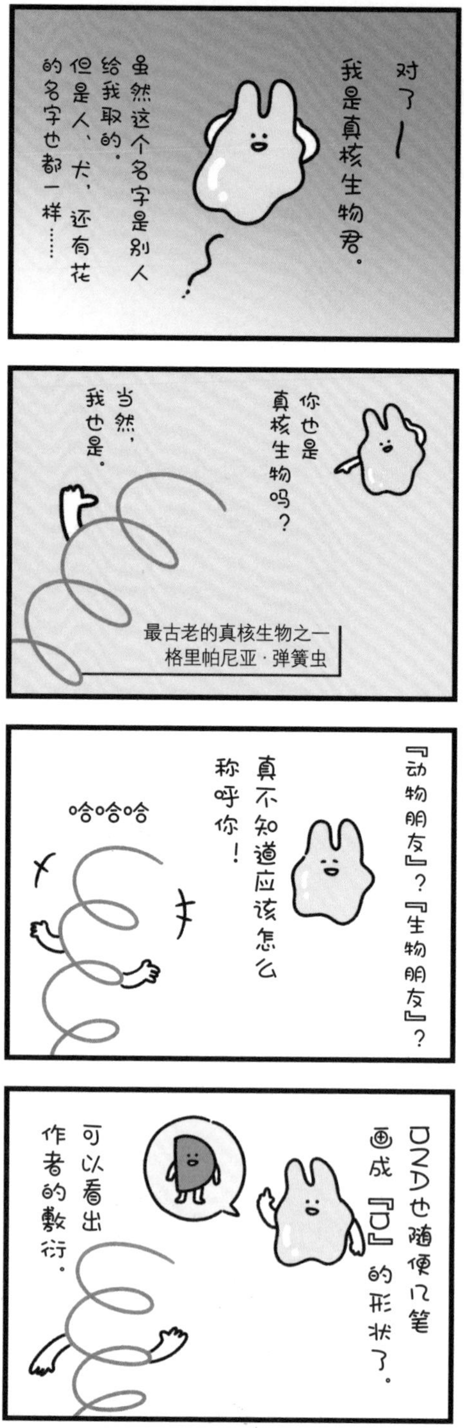

对了——
我是真核生物君。
虽然这个名字是别人给我取的。
但是人、犬，还有花的名字也都一样……
你也是真核生物吗？
当然，我也是。
最古老的真核生物之一
格里帕尼亚·弹簧虫
『动物朋友』？『生物朋友』？
真不知道应该怎么称呼你！
哈哈哈
DNA也随便几笔画成『D』的形状了。
可以看出作者的敷衍。

和平主义

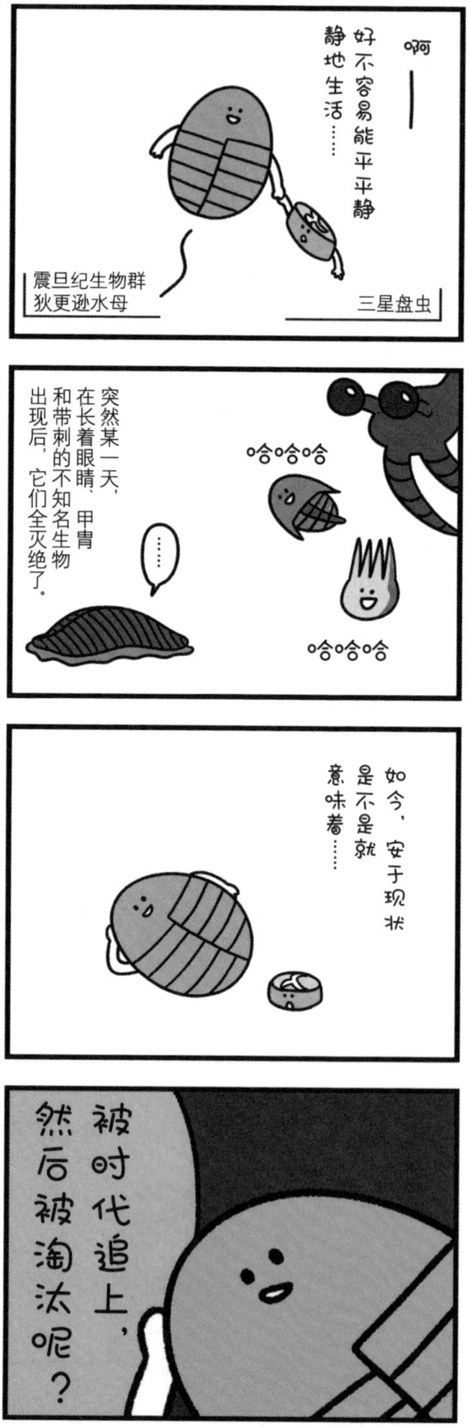

啊——
好不容易能平平静静地生活……
震旦纪生物群
狄更逊水母
三星盘虫
突然某一天，在长着眼睛、甲胄和带刺的不知名生物出现后，它们全灭绝了。
……
哈哈哈
哈哈哈
如今，安于现状是不是就意味着……
被时代追上，然后被淘汰呢？

弱者的反击

成为植食类恐龙的原因

多样性

我太没用了，腿发软……
真是个运动白痴！
笨蛋！
猎人
画家
科学家
人类是即使弱小也能取胜的物种。
多样性才是最重要的啊！
找到自己的特长，好好研磨。

指头数减少的原因

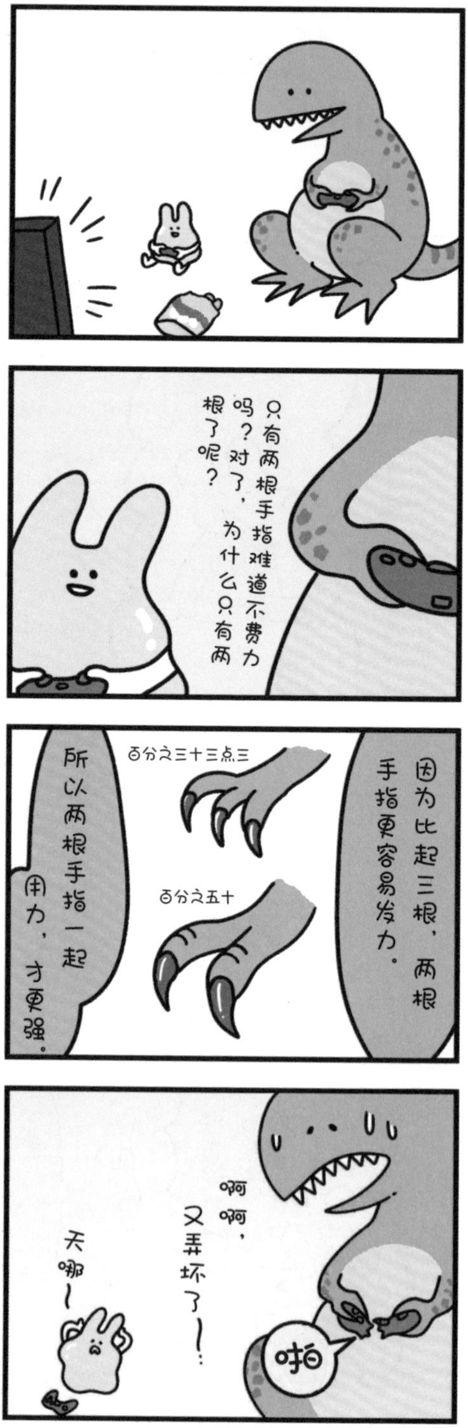

只有两根手指难道不费力吗？对了，为什么只有两根了呢？
因为比起三根，两根手指更容易发力。
百分之三十三点三
百分之五十
所以两根手指一起用力，才更强。
啊啊，又弄坏了～……
天哪～
啪

共同的祖先

犬和猫，你喜欢哪个？
呜，似乎两者都很可爱！
那就选我呗。
小古猫　真兽亚纲　体长三十厘米
生活在古近纪
被称为犬和猫的共同祖先
但感觉你和猫、犬都没有什么关联。
还是算了吧。

一万年后

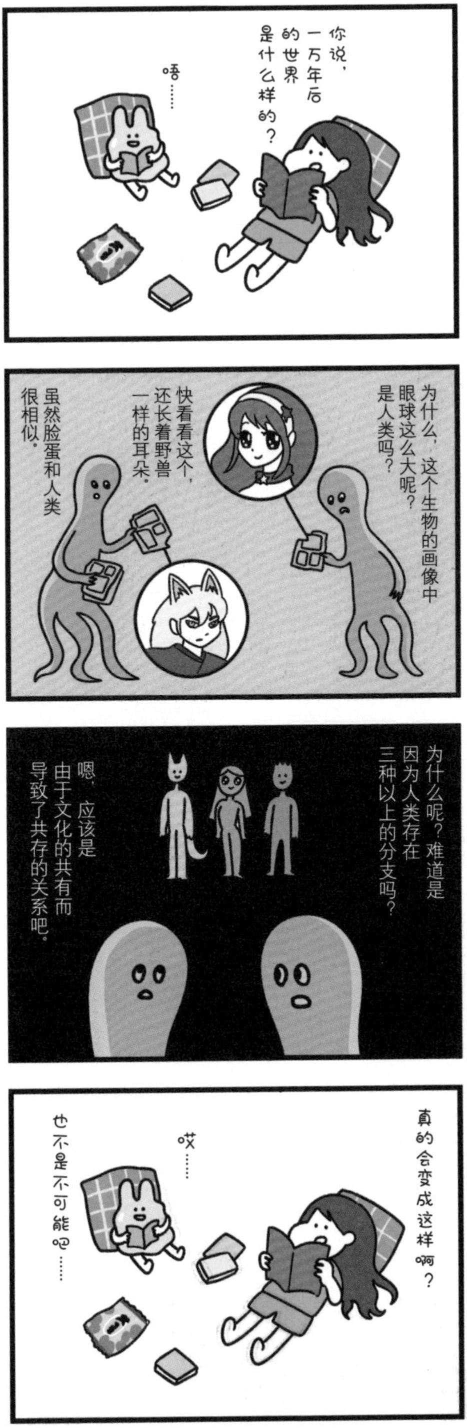
你说，一万年后的世界是什么样的？
唔……
为什么，这个生物的画像中眼球这么大呢？是人类吗？
快看看这个，还长着野兽一样的耳朵。
虽然脸蛋和人类很相似。
为什么呢？难道是因为人类存在三种以上的分支吗？
嗯，应该是由于文化的共有而导致了共存的关系吧。
真的会变成这样啊？
哎……
也不是不可能吧……

如果

逃过生物大灭绝的恐龙……
阿拉摩龙属
快忍着！
累了啊！
如果它们还幸存的话……
恐龙会再次成为支配者吧。
这样，其他生物就不得不一直等待机会的到来。

地球的考虑

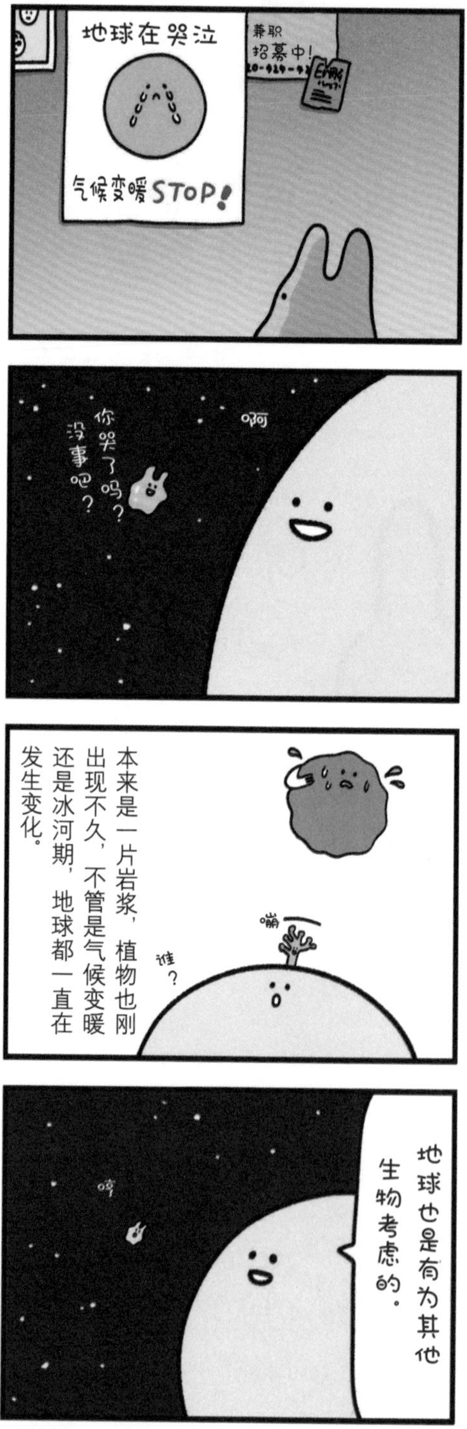
地球在哭泣
气候变暖STOP!
兼职招募中!
啊
你哭了吗？
没事吧？
本来是一片岩浆，植物也刚出现不久，不管是气候变暖还是冰河期，地球都一直在发生变化。
嘣—
谁？
地球也是有为其他生物考虑的。
哼

犬的种类

飞入火中的夏虫

原住居民

摇晃
摇晃
在里面?!
什么?
哦~是水母。
为——什么会有水母?
真糟糕!
我们从五亿年前就一直住在这里了。
人类真的是——

事实是……

我要一个人生活!
真是够了!
但是，身上的衣服是别人做的吧!
是吧?
现在正在走的路、电灯等也都是别人设计的吧。
这也是!那也是!
这也是!那也是!
咔
苹果
事实上，如果人类脱离集体生活，是很脆弱的存在。

到未来为止的时间

本以为是很遥远的未来，
但不知不觉中已经三十岁了。
有让时间变慢的方法噢！
咦？
比起小时候，成为大人以后时间变得快了，对吧？
奥特曼
因为小孩子每天都有新鲜的体验，都过得很充实。
通过尝试新的体验，或者制定新的日程，改变日常的话时间就会变慢了。
时间虽然没有变长，但是对时间的感觉会延伸。
啊，这样啊！

进化不可逆法则

我说，如果还住在森林里的话，
可能变回类人猿噢。
因为不可逆法则，所以不可能的。
走了或者丢失的东西再也回不来了。
基因逐渐复杂化，不可能轻易恢复的。
生鸡蛋
煮鸡蛋
不可能变回生鸡蛋
虽然可以做成鸡蛋沙拉。
就像这样？
进化是单向的。
就是这样。

大象

大——象，
大——象，
鼻——子真长！
很多大象出生又死亡，
才进化成现在的形态。
幸存的大象也
由于象牙，
被打上了猎杀的印记。
因此——
每天——
都在减少——
你在哼歌吗？

细胞分裂

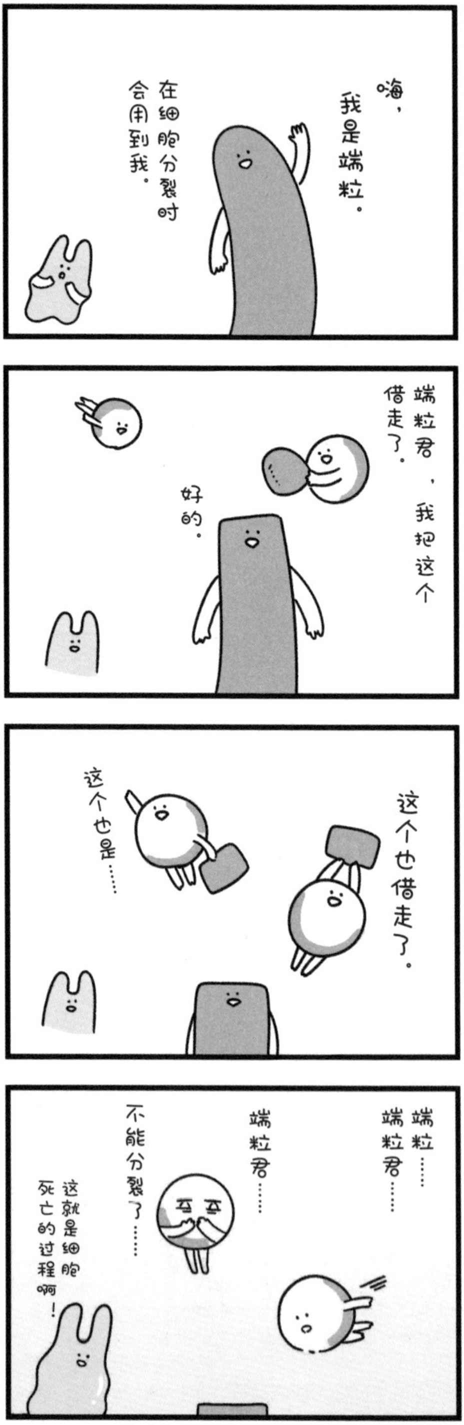
嗨，
我是端粒。
在细胞分裂时
会用到我。
端粒君，我把这个
借走了。
好的。
这个也借走了。
这个也是……
端粒……
端粒君……
端粒君……
不能分裂了……
这就是细胞
死亡的过程啊！

鳄鱼

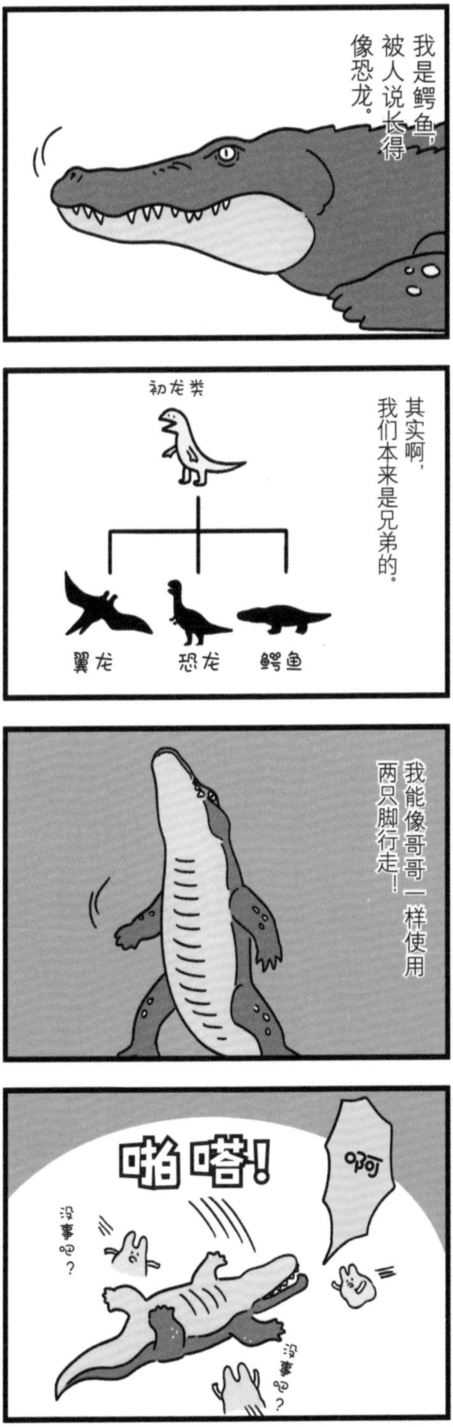
我是鳄鱼，被人说长得像恐龙。
其实啊，我们本来是兄弟的。
初龙类
翼龙
恐龙
鳄鱼
我能像哥哥一样使用两只脚行走！
啪嗒！
啊
没事吧？
没事吧？

百分百的自己

我们是哺乳动物，是人类的祖先。
你只是只鸟。
我是人类的祖先～
很厉害吧！
很厉害吧！
人类也不是最厉害的呀！
我怎么说都可以飞到天上去吧。
我的价值是我始终是百分百的自己。
没变过！

不想被吃

我就是为了不被吃掉才变『辣』的。
洋葱很甜！
好好吃啊～
我是为了不被吃掉才进化出毒的。
河豚火锅太好吃了～
好好犒劳一下自己！

原始反射

哇哇～
小孩子好可爱——
抓握反射！
握！
那是什么？
放东西在孩子的手里的话，孩子会条件反射地紧握起来。
一种说法是，在人类还是猴子的时候，就有这样的原始本能——为了不从母猴子身上掉下来而产生的条件反射。
是进化的遗留物啊。
呼
呼

待在家里

今天休息，去哪里玩。
现在是要忍耐的时候，病毒太可怕了！不要大意啊！
啊啊——
待在家里吧！
STAY HOME
喂，帮我去买点儿可乐……
咔嚓
咔嚓

隔离的身影

啊——
厌倦了隔离生活。
好想早点出去玩啊！
算了，算了。大家都在忍着。加油！
寂——静
今年应该没有人来暗算我们吧！
我们要乘机变得更强大，哥哥！

雨有气味的原因

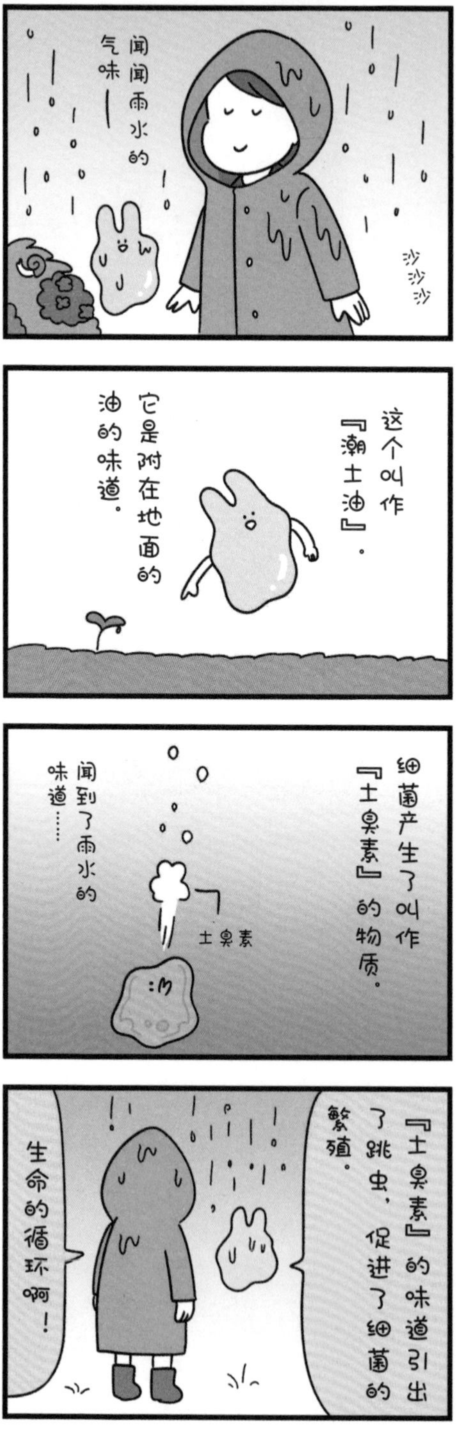
闻闻雨水的气味——
沙沙沙
这个叫作『潮土油』。
它是附在地面的油的味道。
细菌产生了叫作『土臭素』的物质。
闻到了雨水的味道……
土臭素
『土臭素』的味道引出了跳虫，促进了细菌的繁殖。
生命的循环啊！

监修者的话

大约6500万年前，除了鸟类以外所有的恐龙都灭绝了，被称为“中生代”的时代迎来了终结。此后，地球进入了“新生代”，哺乳动物成为这一时代的主角，人类也在此时登场。

和《古生物进化日志》一样，本书中登场的生物一般被称为“古生物”。古生物把化石作为活的证据遗留了下来。这一时代的化石比新的时代保存得更完好。因此，新生代的古生物保存了更多的信息。

本书将新生代生命的历史编纂成《进化狂想曲：人类诞生日志》。本书同样也是种田琴美在“积极的意义”上努力创作的插画和叙事故事。相信一定能吸引你进入古生物们古老而又新奇的世界中来吧。作为监修，与上册一样，我尽力保持了作者的整体风格。

现在已经进入了疫情常态化的时代，我们周边的环境也在迅速发生变化。正因为如此，这本侃侃而谈的书肯定会成为你获取“知识喘息”的重要一册。

2020年6月
科学作家
土屋 健

作者简介

[日] 种田琴美　著

大阪艺术大学情报设计专业毕业。大学时学习电脑绘画、多媒体作图等。曾从事平面设计和网页设计的工作，现为自由撰稿人。

2018年1月，因为兴趣开始创作古生物学的漫画，并发布在社交媒体上。同年7月开始，在由鳄鱼书社书籍编辑部主办的WEB报刊*WANI BOOKOUT*上连载《请多指教！真核生物君》。

[日] 土屋健　监修

埼玉县人。科学作家。金泽大学地质学、古生物学硕士。毕业后曾担任科学杂志《牛顿》(*Newton*) 的编辑记者、部长代理等。常以古生物学为研究对象向杂志投稿。合著作品有《地球的故事 365日》等。

庾凌峰　译

日本兵库教育大学学校教育学博士。安徽大学外语学院日语系讲师、日本立命馆大学客座研究员。美国海外教育研究中心(OMSC)、耶鲁大学访问学者。研究方向为中日思想关系史。发表论文数篇，日本丸善出版社出版合译著作一部。

●本作品中登场的人物、生物及台词等均为虚构。